西南山地城乡住区
课程教学研究与实践

杨尊尊　著

中国纺织出版社有限公司

内 容 提 要

　　《西南山地城乡住区课程教学研究与实践》是一本教学研究类的学术著作，主要基于新型城镇化、"四新""四化"、棚户区改造等政策背景下西南山地区域住区现状、类型、存在问题、解决策略与教学融入，通过住区生活圈的评估与分析整理提出优化策略的模式，形成六盘水师范学院风景园林、城乡规划专业课程教学案例库与教学实践成果，贯彻新时代课程思政育人教育教学理念，形成针对地方应用型本科院校人才培养，符合贵州地域本土特色课程教学案例参考与教学设计方法。本书形成"理论方法—课程教学设计—实际工程调研与分析—设计成果整理—优化课程体系—更新理论方法"的闭环教学研究模式与实践的体系，为同类地方性高校培养符合贵州地方应用型人才提供教学研究参考。

图书在版编目（CIP）数据

　　西南山地城乡住区课程教学研究与实践 ／ 杨尊尊著
. —— 北京 ： 中国纺织出版社有限公司，2022.10
　　ISBN 978-7-5180-9789-0

　　Ⅰ. ①西… Ⅱ. ①杨… Ⅲ. ①园林设计—教学研究—高等学校②城乡规划—教学研究—高等学校 Ⅳ.
① TU986.2-42 ② TU984-42

　　中国版本图书馆 CIP 数据核字（2022）第 149439 号

责任编辑：闫　星　　责任校对：高　涵　　责任印制：储志伟

中国纺织出版社有限公司出版发行
地址：北京市朝阳区百子湾东里 A407 号楼　邮政编码：100124
销售电话：010—67004422　传真：010—87155801
http://www.c-textilep.com
中国纺织出版社天猫旗舰店
官方微博 http://weibo.com/2119887771
三河市延风印装有限公司印刷　　各地新华书店经销
2022 年 10 月第 1 版第 1 次印刷
开本：710×1000　1/16　印张：8.5
字数：149 千字　定价：88.00 元

前　言

基于《国务院关于"十四五"新型城镇化实施方案的批复（国函〔2022〕52号）》《国务院关于支持贵州在新时代西部大开发上闯新路的意见（国发〔2022〕2号）》《中共中央　国务院关于全面推进乡村振兴加快农业农村现代化的意见》《自然资源部　农业农村部关于保障农村村民住宅建设合理用地的通知》《住房和城乡建设部办公厅关于印发完整居住社区建设指南的通知》《关于发布国家标准〈城市居住区规划设计标准〉的公告》《国务院办公厅关于全面推进城镇老旧小区改造工作的指导意见》《省人民政府办公厅关于印发贵州省城市更新行动实施方案的通知（黔府办发〔2021〕36号）》《教育部　工业和信息化部　中国工程院关于加快建设发展新工科实施卓越工程师教育培养计划2.0的意见》《教育部关于印发〈高等学校乡村振兴科技创新行动计划（2018—2022年）〉的通知》《教育部关于印发〈高等学校课程思政建设指导纲要〉的通知（教高〔2020〕3号）》等多部门文件精神与指示，城乡住区建设与人居环境发展关系人民最切身的利益，同时可促进新型城镇化与乡村振兴高质量发展，而未来从事城乡建设的风景园林与城乡规划专业人才的培养质量也关系到新型城镇化建设与乡村振兴发展。

西南山地住区作为山地地貌典型的民居形态与建筑文化载体，诠释着多民族文化记忆与场所精神，凝聚着时代与空间记忆。贵州为典型的喀斯特地区，当地彝族、布依族、苗族、白族等多民族共同生活，形成了区别于北方与东部民居的特点，是一笔宝贵的财富与资源。贵阳市为贵州省省会城市，遵义市为红色文化重要阵地，六盘水市为三线建设的资源型工业城市主阵地，水城区为国家乡村振兴示范点，而这些典型代表地区为本书教学研究与第二课堂实践的对象。具体基于真实情境下的城乡住区实际问题与短板，可培养学生关注社会、心系国家与人民的意识，帮助学生塑造扎根基层、服务地方、助力家乡高质量发展的价值观。六盘水师范学院作为贵州地方应用型高校，着力培养服务地方经济社会发展的应用型人才。风景园林专业与城乡规划专业作为六盘水师范学院的工科专业，必须责无旁贷地承担起助力贵州省地方新型城镇化与乡村振兴人才培养与社会实践、技术服务工作使命和担当；住区建筑设计作为风景园林专业的一门课程，定位为培养学生进行山地城乡住区规划建设的能力，对标新时代人才培养与课程建设的高质量发展要求，以 OBE 成果产出为导向，以产教融合、科教融合、思政育人等多维度目标为准则，解决当下地方应用型高校人才培养与未来职业需求能力不匹配的痛点问题。

本书主要基于西南山地住区课程思政与教学活动设计、教学实践与第二课堂设计成果作品、教学评价与学习效果、教学创新与社会服务实践路径研究四个核心部分进行撰写，突出项目育人的教学理念，课程案例与社会实践成果立足于贵州地区典型住区评价与规划设计建设，同时对标国家住区生活圈标准，提出山地住区在教育、医疗、公服配套、商业、交通等多方面需求的短板和不足，为后续贵州地区城镇住区人居环境提升、乡村振兴提供针对性较强的参考。

本书是笔者 6 年住区建筑设计课程与社会实践中教学方法、教学案例、教学设计、教学成果的总结与梳理，且基于一流课程建设、贵州省乡村安全与人居环境研究中心平台阶段性人才培养教学研究、科技创新团队"乡村复兴规划设计团队"人才培养实践研究形成的研究成果，并且在新时代教育背景与高质量发展要求下，针对山地喀斯特地貌人居环境建设需求与风景园林专业人才培养中应用能力、实践能力、职业能力、价值观形成的双向匹配问题大胆探索与实践，希望能够为贵州地方应用型高校风景园林专业课程建设与教学设计、社会实践、人才培养、地方新型城镇化与乡村振兴社会服务等多方面提供教学方案与模式，为贵州地方"四新""四化"建设提供人才保障。

作者
2022 年 6 月

目 录

第一章　绪论 / 001

　　第一节　我国古代住区发展历程 / 003

　　第二节　山地住区定义、研究内容和任务 / 004

　　第三节　贵州多民族山地住区类型 / 007

　　本章小结 / 009

第二章　西南山地住区课程思政与教学活动设计 / 011

　　第一节　课程思政元素提炼与总结 / 014

　　第二节　课程思政与教学内容融合 / 021

　　第三节　教学目标及教学策略 / 032

　　本章小结 / 040

第三章　教学实践与第二课堂设计成果作品 / 043

　　第一节　课题实践项目一：六盘水山地城乡住区调研与实施 / 045

　　第二节　课题实践项目二：遵义市韧性住区调研分析与构建 / 087

　　第三节　课题实践项目三：贵阳市乌当区住区环境舒适度实验与空间
　　　　　　优化 / 094

第四章　教学评价与学习效果 / 105

　　第一节　成绩评定方法与标准 / 107

　　第二节　学习效果 / 109

　　本章小结 / 112

第五章　教学创新与社会服务实践路径研究　/　113

　　　第一节　大学生创新创业实践训练　/　115

　　　第二节　贵州省科技特派员乡村振兴社会服务实践　/　120

　　　本章小结　/　123

参考文献　/　125

后记　/　127

第一章 绪论

随着新型城镇化和乡村振兴战略的实施，山地城乡住区基本保障与高质量人居环境的提升对于乡村振兴具有举足轻重的作用。新时代背景下，城乡住区建筑设计与住区人居环境优化提升对于有效改善贫困村落居住质量与老城区环境不断改善具有重要意义。西南地区为中国典型山地区域，山地城乡住区与村寨呈现出了"小聚居，大分散"典型地域特点，喀斯特典型地貌特点与山水自然格局形成了良好的生态屏障与自然本底，多民族文化特色与地域特点促成了贵州独特的住区建筑形式、风貌、建筑材料与住区景观。风景园林专业的"住区建筑设计"课程与贵州省三大战略行动和六盘水市"四新""四化"目标发展可以较好地衔接，具有实践探索、研究价值。本课题以贵州省典型山地城乡住区为研究个案，探讨地方应用型高校建筑类专业人才培养目标、教学实施、实践实训、培养目标达成度、人才培养与社会服务有机融合，创新实践探索等各部分内容。

依据建筑类人才培养目标要求与课程定位，整理近四年地方应用型高校——六盘水师范学院土木与规划学院一流课程"住区建筑设计"团队教师成员所进行建筑类本科生人才培养活动阶段性成果，将教学设计、课程思政案例、教学实践成果、社会服务等汇编成册，形成针对地方应用型高校、贴合贵州本土人才培养教学规律的参考著作，为地方应用型人才培养课程建设教学研究与教育教学改革实践提供助力。

第一节　我国古代住区发展历程

课程教学目标

知识目标：熟悉中国古代住区发展历史轨迹。

能力目标：掌握中国传统历史文化与住区建筑规划结合能力。

情感目标：了解住区规划设计对于居民幸福感和归属感的社会意义，增强社会责任感和住区设计师职业认同感。

长远目标：独立完成各类住区建筑规划设计。

导入

对图片和文字进行解析，引导学生对中国古代住区这个概念进行理解。

课程思政

培养学生文化自信与尊重历史规律的科学探究分析能力。

我国古代住区发展历程可以概括为：聚落式——原始社会、里坊式——西汉至唐、街巷式——宋代、胡同式——元代、大街——里弄式五大住区建筑模式。

原始社会时期，人们主要以狩猎与采集为主，生活方式以自由无规律为主，而随着中石器时代的发展，劳动工具慢慢进步与成熟，种植业逐渐发展起来，农业与狩猎逐渐分离，且种植业需要固定的场所与相对固定的居民点。

第二节　山地住区定义、研究内容和任务

课程教学目标

知识目标：熟悉住区规划指标和设计要求、居民生活圈规划设计。

能力目标：掌握住区规划设计表达能力。

情感目标：了解住区规划设计对于居民幸福感和归属感的社会意义，增强社会责任感和住区设计师职业认同感。

长远目标：独立完成各类住区建筑规划设计。

导入

对图片和文字进行解析，引导学生对住区这个概念进行理解。

课程思政

培养学生发现问题、分析问题、解决问题的能力。

一、相关概念界定

山地住区概念解析：山地城市居住区简称居住区，是指山地城市中住宅建筑相对集中的地区，其中包括居住区用地、住宅用地、公共绿地、中心绿地等。

二、山地住区研究内容与任务

科学合理、经济有效地使用山地土地类型和空间，遵循经济、适用、绿色美观的建设方针，确保居民基本生活条件，满足居住街坊各级生活圈规范要求。

三、山地住区设计内容

山地住区设计内容主要包括 8 个方面：

（1）选择并确定用地位置、范围（包括改建范围）。

（2）确定山地住区规模（人口数量与用地大小）。

（3）拟定山地住区建筑类型、层数比例、数量、布置方式。

（4）拟定公共服务设施内容、规模、数量（建筑和用地）、分布与布置方式。

（5）拟定各级道路宽度、断面形式、布置方式。

（6）拟定公共绿地数量、分布与布置方式。

（7）拟定有关工程规划设计方案。

（8）拟定各项技术经济指标与造价估算。

四、设计成果

山地住区规划设计与建筑设计主要包括：住区规划设计图纸、住区规划设计说明书、住区综合技术指标三个大的方面。

其中住区规划设计图纸部分主要包括：区位图、现状图、用地规划图、总规划图、山地交通规划图、绿地系统规划图、住区配套设施图、住区竖向规划设计图、住区工程管线综合规划设计图、建筑日照分析图、建筑套型设计图、住区风貌设计图、住区景观设计图等。

住区规划设计说明书主要目标和任务是完善和补充规划设计图纸过程中的文字说明部分、图纸衍生意义、指标数据意义等。其主要内容包括：现状分析（涵盖用地区位，住区人口、住区户数、住区道路、绿地、公共服务设施、基础设施），规划原则、规划结构，用地布局与生活圈说明，空间组织与景观风貌，道路与绿地系统规划，城乡工程系统规划，竖向规划，技术经济指标。

住区综合技术指标：十五分钟生活圈、十分钟生活圈、五分钟生活圈以及居住街坊。其中要明确所占比例与人均面积，详见表 1-1。

表 1-1　各级生活圈及居住街坊所占比例与人均面积

项目			计量单位	数值	所占比例 (%)	人均面积指标 (m²/ 人)
各级生活圈居住区指标	居住区用地	总用地面积	hm²	▲	100	▲
		其中　住宅用地	hm²	▲	▲	▲
		其中　配套设施用地	hm²	▲	▲	▲
		其中　公共绿地	hm²	▲	▲	▲
		其中　城市道路用地	hm²	▲	▲	—
	居住总人口		人	▲	—	—
	居住总套（户）数		套	▲	—	—
	住宅建筑总面积		万 m²	▲	—	—
居住街坊指标	用地面积		hm²	▲	—	▲
	容积率		—	▲	—	—
	地上建筑面积	总建筑面积	万 m²	▲	100	—
		其中　住宅建筑	万 m²	▲	▲	—
		其中　便民服务设施	万 m²	▲	▲	—
	地下总建筑面积		万 m²	▲	—	—
	绿地率		%	▲	—	—
	集中绿地面积		m²	▲	—	▲
	住宅套（户）数		套	▲	—	—
	住宅套均面积		m²/ 套	▲	—	—
	居住人数		人	▲	—	—
	住宅建筑密度		%	▲	—	—
	住宅建筑平均层数		层	▲	—	—
	住宅建筑高度控制最大值		m	▲	—	—
	停车位	总停车位	辆	▲	—	—
		其中　地上停车位	辆	▲	—	—
		其中　地下停车位	辆	▲	—	—
	地面停车位		辆	▲	—	—

注：其中▲代表必列指标，表格来源为 GB 50180—2018《城市居住区规划设计标准》。

山地住区规划设计应该重点关注山地地形、气候等自然环境，充分考虑人们在通风、防潮、隔热等方面的基本生理需求，从而确定具体山地住区布局、住区结构、山地住宅材料与色彩、建筑屋顶形式等，充分呈现贵州各地域特征性、标志性山地住区建筑风貌。在山地住区规划设计中，选址与用地范围确定是比较重要的环节，具体要充分考虑西南山地区域喀斯特地貌特点，要通过村域规划与自然村规划两个层面预测村寨居住人口数量，进而根据居住人口数量划定建设用地与人居环境配套指标。由于西南地区特殊的自然环境与地形限制，住宅建筑类型多样，同时要从住宅聚落建筑平面形态、布局要素、建筑材料、环境布置多个维度进行土地集约化利用。绿色建筑技术在住宅地下空间利用、冬季保温与夏季隔热、生产生活综合用水等方面都有所应用，因此，当地拥有与其他省份不同的建筑布局特点。

第三节　贵州多民族山地住区类型

课程教学目标

知识目标：熟悉贵州地区多民族住区特点与文化，整理总结贵州多民族住区类型与设计方法。

能力目标：掌握贵州彝族、布依族、苗族等聚落选址形态变化，建筑平面形制，形体与布局理论与方法。

情感目标：了解贵州多民族住区建筑形制与贵州山水格局住区规划设计对于贵州本土居民幸福感和归属感的社会意义，增强地域住区建筑文化保护的社会责任感和贵州本土文化住区设计师职业认同感。

长远目标：独立完成各类地域性住区建筑规划设计。

导入

通过对图片和文字进行解析，引导学生对贵州传统地域建筑进行认识和理解。

课程思政

培养学生地域本土建筑文化自信与尊重历史发展规律的科学探究分析能力。

贵州是多民族地区，苗族、侗族、彝族、布依族等多民族文化和习俗交融与碰撞，形成各具特点的住区建筑布局与风貌。

苗族村寨多分布于山地河谷地带，且由于河谷地形限制，苗族村寨多布局于河谷两侧，由此形成了独具特色的干栏式建筑吊脚楼，如贵州省凯里市的千户苗寨建筑形态和风貌特色。苗族住区多以吊脚楼为主要建筑形态，其功能分布主要为上层储藏粮食和物品，中间为主要居住空间，下层主要为牲畜圈养。

侗族多分布于山水相间的自然环境之中，依山傍水的自然地理格局与侗族民居生活息息相关，靠近山体利于树木种植，以及获取树木建造所居住的房屋，也益于利用山地地形促成梯田种植景观，满足生活居住基本需求。靠近水体有助于灌溉梯田，保证水稻种植的产量，满足人们的食用和饮水需求。整个侗族以鼓楼为布局中心，以姓氏血缘关系为联系纽带，分组团形成片区围合（图1-1）。侗族与苗族相比，建筑形态差别不大，主要区别为民居建筑层数为两层，形态呈一字型排开，主要使用功能为卧室和火塘房。

彝族住区多按照等高线布置和组合形成筑台建筑聚落，而且主要根据山体的部位形成了山顶彝族村寨、半山腰彝族村寨、河谷地带彝族村寨等村落聚落。

布依族民族聚落选址与侗族有异曲同工之妙，多为靠山面水，便利于生活用水与农业种植灌溉。布依族住宅民居发展历程中，石器时代的石板房建筑时期很关键。

图1-1　学生侗族住区建筑制作模型教学实践成果

本章小结

  本章节全面梳理了中国古代住区发展历程，山地住区的定义、类型与特点，住区生活圈规范与住区配套相关设施，贵州省多民族聚落文化形成，基于本民族文化特点的住区布局规划与住区建筑风貌，苗族、侗族、彝族、布依族等民族的住区聚落选址特点与溯源，建筑平面形制与功能布置。通过梳理贵州地区民族聚落特点，可归纳西南山地区域传统地域建筑聚落选址、地形适应、微气候适应、外部空间设计（如民族寨门、著名建筑风雨桥、民俗活动广场）、建筑平面形制、建筑形体布局与建筑构造和建筑材料。本章节通过论述在"住区建筑设计"课程中学生对贵州地域传统民居特点与民居建筑建造技术与方法的掌握，培养学生的地域文化自信与文化认同，实现传承与发展工匠精神的思政育人目标。

第二章 西南山地住区课程思政与教学活动设计

在新时代要求背景下，思政育人、思政＋课程、党建＋思政等逐渐融入教学研究与实践模式，同时落实"立德树人"教育根本任务，以及"为党育人，为国育才"的教育使命慢慢得以落实。教育要靠课程作为载体去具体落实，每一门大学课堂都是呈现育人效果的第一阵地和载体，立德树人的教育使命凸显出了思政教育与课程思政的辩证统一，以及协同育人的重要价值。思想政治教育长时间作为新时代大学生价值观引领与人格健全等方面的重要途径和方法而存在。大学本科期间，思想政治教育课程主要集中于通识课程公共课、形势与政策时政课程。由于授课群体数量大，所学专业复杂，不够有针对性地将思想政治教育融入育人的每个环节，由此"课程思政"被提到了重要的位置和高度。课程思政顾名思义即将思政教育融入专业教育课程中，提炼课程思政元素，依据人才培养方案育人。课程教学育人目标主要分为：学科专属知识与技能、高级思维能力、人文价值观、工作和事业准备、个人发展5个方面。"住区建筑设计"课程结合工科专业的特点，引入"工程教育认证通用标准"中的相关毕业要求，设置了课前、课中、课后全过程的具体教学目标，并对课程中的某个章节进行目标再分解，从而不断深化课程教学目标的多维度设置。

住区建筑设计课程旨在引导学生理解山地居住区规划设计和住区建筑设计的基本知识及其应用。通过讲授使学生了解居住区类型及设计要求、规划布局与用地规划、道路系统与停车设施规划、住区环境景观及绿化规划设计、竖向设计、地下空间规划、老龄化社区及居住养老规划、实践调查和设计掌握住区建筑套型设计、住栋设计、公寓建筑设计、造型设计、建筑结构设计、绿色节能与低碳化设计等知识应用，从而积累丰富住区建筑设计知识及其应用技巧，最终实现对住区建筑设计知识体系的总体掌握。

"住区建筑设计"课程在风景园林专业人才培养过程中的定位为专业方向必修课、核心课。专业课程建设是课程思政建设主阵地，通过梳理课程讲授内容，结合"住区建筑设计"课程特点，深入挖掘和整理课程思政元素，并巧妙将其融入课程教学活动始终，得到润物细无声的课程思政育人成效。

第一节　课程思政元素提炼与总结

　　"住区建筑设计"课程章节所讲授内容主要为居住区类型及设计要求、规划布局与用地规划、道路系统与停车设施规划、住区环境景观及绿化规划设计、竖向设计、地下空间规划、老龄化社区及居住养老规划、实践调查和住区建筑套型设计、住栋设计、公寓建筑设计、造型设计、建筑结构设计、绿色节能与低碳化设计。其中融入的课程思政元素主要可以强化学生的科学精神感知，进而提高学生发现科学问题、分析科学问题、解决科学问题的能力。借助住区工程正面与反面的实际案例，可培养学生大国工匠精神，激发学生科技报国、心系社会责任的家国情怀。

　　课程思政元素的挖掘与整理是落实课程思政立德树人实践的重要路径。针对风景园林和城乡规划这一人文与工科交叉综合性专业，在课程理论知识研究与实践研究过程中要始终围绕如何设计课程思政、如何融合课程思政元素、如何检验课程思政育人成效这三个关键性问题，围绕新时代高等教育要求，结合贵州地域文化资源与实际情况，定位未来六盘水师范学院风景园林与城乡规划专业毕业生的社会责任与使命，区别于"双一流"高校的人才培养目标和专业特色，扎扎实实立足六盘水，服务贵州，突破服务西南山地城乡住区的应用型人才培养输出，最终培养出关键时候用得上、解决问题能力强、社会责任感强、贵州地域文化认同感强的复合型应用型人才。

　　基于上述课程思政时代背景与新时代高等教育立德树人教育理念，立足于贵州本土化人居环境高质量发展目标驱动，整理和归纳"住区建筑设计"课程思政元素是支撑目标实现与教育理念贯彻落实的重要途径。"住区建筑设计"课程章节主要包括：居住区类型与设计要求、居住区规划布局与用地规划、居住区配套与用地规划、住区建筑套型与住栋设计、住区建筑风貌及造型、住区外部景观设计。讲授内容紧扣真实情境，将设计领域当中关乎民生的住房问题、职住平衡问题、社会邻里关系问题当作课程思政元素和教学典型情景案例融入课程章节内容，有助于学生通过比较熟悉的六盘水市中心城区住区现状，了解现阶段六盘水市住区所存在的短板与不足。自 2020 年新冠肺炎暴发以来，住区规划现状和生活圈短板问题引发了社会高度关注，具体问题包括住区的区域位置、道路交通体系、生活圈的配套（如幼儿园和小学的服务半径问题、社区日常生活供应问题、公交车站的选址问题等）、社区绿地和公共空间的满足率等。一般而言，学生可以在社会调查与实践中建立社会责任意识，逐渐认同专业与社会价值的关系。要在实际生活情境中潜移默化地将课程思政元素融入人才培养活动中去。基于新时代高校课程思政的立德树人教学理念，"住区建筑设计"课程教学内容主要为如下几个章节。

一、绪论

（1）住区建筑设计的定义、研究内容和任务。
（2）我国古代居住区发展历程、现代居住区规划发展。
（3）居住区规划设计任务、内容与成果。
（4）居住建筑适居性设计目标。

二、居住区类型及设计要求

（一）居住区类型

（1）地下住所与覆土建筑。
（2）乡村住区与城市居住区。
（3）封闭式住区与开放式居住区。
（4）不同住宅层数居住区。
（5）各级生活圈居住区、居住街坊。

（二）居住区规划设计目标与要求

（1）居住区规划设计目标概念。
（2）居住区规划设计要求。
（3）其他要求。

（三）居住区规划设计基础资料

（1）国家政策、法律、规范性资料。
（2）自然及人文地理资料。
（3）地质与水文条件。

三、居住区规划布局与用地规划

（一）居住区规划布局概述与空间组织

（1）居住区规划布局原则。

（2）规划布局形式。

（3）行列式、周边式、院落式、自由式、混合式布局。

（4）居住区空间组织原则与构图手法。

（二）居住区用地控制指标与间距、朝向

（1）十五分钟生活圈居住区用地控制指标解读。

（2）十分钟生活圈居住区用地控制指标解读。

（3）五分钟生活圈居住区用地控制指标解读。

（4）住宅正面间距、侧面间距日照标准及计算。

（5）住宅朝向。

四、居住区配套设施及用地规划

（一）居住区配套设施服务内容与分类

（1）配套设施配建层次。

（2）十五分钟、十分钟、五分钟生活圈中，居住街坊配套设施控制指标。

（二）居住区配套设施控制规定与要求

（1）配套设施布局示意图训练。

（2）十五分钟及十分钟生活圈中公共管理与公共服务设施、商业服务业设施、市政公用设施、交通场站规定。

（3）五分钟生活圈中社区服务设施、商业服务业设施、市政公用设施、交通场站规定。

（4）居住街坊便民服务设施规定。

五、住区建筑套型与住栋设计

（一）住宅套内生活空间设计与组合

（1）门厅、起居空间、餐厅、主卧室、次卧室、书房、厨房、卫生间、走道过厅、阳台设计数据与要点。

（2）住宅套型空间组合设计。

（二）住栋设计

（1）低层住宅设计特性，类型选择基本要求，低层住宅建筑设计建议指标。

（2）多层住宅设计特性，类型选择基本要求。

（3）高层和中高层住宅设计特性，类型选择、消防基本要求。

（4）适应地域环境特点与基地地形特征的住栋设计。

（三）公寓建筑设计

（1）公寓建筑的概念、类型和组成。

（2）公寓居住单元组成空间设计。

（3）公寓楼栋设计与交通安全、安全疏散设计、公共活动与生活辅助空间设计。

（4）老年公寓设计：住户特点与功能要求、基地环境选择与规划、居住单元设计要点。

（5）学生公寓设计：住户特点与功能要求、基地环境选择与规划、居住单元设计要点。

（6）员工公寓设计：住户特点与功能要求、基地环境选择与规划、居住单元设计要点。

六、住区建筑风貌及造型、外部景观设计

（一）居住建筑造型设计美学与设计原则

（1）居住建筑造型美学与原则。

（2）新中式、欧式、现代等建筑设计风格案例欣赏和分析。

（二）居住建筑造型设计方法与外部景观设计

（1）住区建筑体量与体型组织。

（2）住区建筑立面元素组织。

（3）住区建筑色彩与材质设计。

（4）住区建筑重点设计与细部处理。

（5）居住建筑景观设计。

（6）居住建筑道路网结构和交通组织。

（7）居住建筑外部空间场地设计。

通过六部分的教学内容与教学设计组织，学生可了解和掌握住区规划设计理论与设计方法，课程思政元素结合教学内容归纳出相对应的思政元素，具体内容见表 2-1。

表 2-1　山地城乡住区课程思政元素目标与教学设计

教学章节	思政元素	教学活动
绪论： （1）住区建筑设计的定义、研究内容和任务 （2）我国古代居住区发展历程，现代居住区规划发展 （3）居住区规划设计任务、内容与成果 （4）居住建筑适居性设计目标	思政元素目标： （1）中国传统民居地域文化与风土人情 （2）住区规划与住区建筑设计的科学精神	通过观看中国比较有典型代表性的南北方住区纪录片（如北方四合院住区文化、上海理弄住区文化、陕西窑洞住区文化、福建土楼住区文化、贵州干栏式民居与吊脚楼文化、西藏夯土碉楼文化、四川城镇店宅等），讨论各个民族、各个地区住区格局与住区建筑设计风貌与技术科学。增强学生对中国本土住区建筑与文化的认同与自信
居住区类型及设计要求： 1. 居住区类型 （1）地下住所与覆土建筑 （2）乡村居住区与城市居住区 （3）封闭式居住区与开放式居住区 （4）不同住宅层数居住区 （5）各级生活圈居住区、居住街坊 2. 居住区规划设计目标与要求 （1）居住区规划设计目标概念 （2）居住区规划设计要求 （3）其他要求 3. 居住区规划设计基础资料 （1）国家政策、法律、规范性资料 （2）自然及人文地理资料 （3）地质与水文条件	思政元素目标： （1）建筑法律法规意识培养 （2）培养学生关注人民安居乐业的社会责任感 （3）住区建筑规划与设计的规范意识建立 （4）了解居住区规划设计目标；理解设计要求；掌握住区规划中方便、舒适、安全、优美等设计要求的重要性。培养学生学习兴趣及生命至上的科学规划态度	通过案例、资料、教学视频观看、阅读和总结，分组讨论国土开发与城市建设用地控制对于城市住区空间开发与旧区改造的辩证关系；解读贵州省新型城镇化与城镇更新、乡村振兴战略与政策，使课程与真实情景、国家和省市战略相融合 引入住区生活圈概念，使学生能够了解生活圈含义，掌握各级生活圈（五分钟生活圈、十分钟生活圈、十五分钟生活圈、居住街坊等）国家标准与规范要求；能够编制符合西南片区，尤其是贵州地区自然、人文、功能目标需求的核心设计图纸与指标控制

教学章节	思政元素	教学活动
居住区规划布局与用地规划： 1. 居住区规划布局概述与空间组织 （1）居住区规划布局原则 （2）规划布局形式 （3）行列式、周边式、院落式、自由式、混合式布局 （4）居住区空间组织原则与构图手法 2. 居住区用地控制指标与间距、朝向 （1）十五分钟生活圈居住区用地控制指标解读 （2）十分钟生活圈居住区用地控制指标解读 （3）五分钟生活圈居住区用地控制指标解读 （4）住宅正面间距、侧面间距日照标准及计算 （5）住宅朝向	思政元素目标： （1）了解居住区（居住街坊）规划布局原则，规划布局形式；掌握住宅及组群规划布置、住宅群体空间层次；培养社会公正与关心社会弱势群体社区的规划设计态度认同 （2）了解居住区规划设计用地控制指标分类；理解住区生活圈的设计方法；掌握居住区日照间距计算方法；培养规划区数据严谨理念和求真的科学态度	"住区建筑设计"课程2020年度被列为六盘水师范学院校级一流本科课程建设，采用"线上＋线下，课内与课外学习"相结合模式，采用学习通、QQ群等教学媒介和平台进行学习资料分享与学习答疑 教学活动：除课堂讲授外，在教学活动中采用"积木"教具贯穿教学活动全过程，运用积木模拟真实住区空间规划与建筑设计，从而使学生掌握住区规划学科专属知识与技能，以及将"住区建筑设计"课程所学指标计算（容积率、建筑密度、平均层数、绿地率等）原理与结论应用于新问题、新情境的能力；在个人发展、工作与事业准备方面，基于设计小组协作、沟通交流，风景园林专业学生普遍反映能够较好培养与提高同他人进行富有成效合作的能力，提高口头表达与沟通交流能力，成为主动且高效的学习者，体验到学习乐趣
居住区配套设施及用地规划： 1. 居住区配套设施服务内容与分类 （1）配套设施配建层次 （2）十五分钟、十分钟及五分钟生活圈居住街坊配套设施控制指标 2. 居住区配套设施控制规定与要求 （1）配套设施布局示意图训练 （2）十五分钟及十分钟生活圈中公共管理与公共服务设施、商业服务业设施、市政公用设施、交通场站规定 （3）五分钟生活圈中社区服务设施、商业服务业设施、市政公用设施、交通场站规定 （4）居住街坊便民服务设施规定	思政元素目标： （1）学生基于六盘水地区实际住区空间调查了解疫情与住区的辩证关系，同时进行小组讨论与成果展示，以更加清晰地明确住区规划的重要意义与社会责任感 （2）基于住区规划与建筑设计以对国家、社会、环境、地产企业、家庭住区的责任感进行人文价值观培育活动	教学活动一：鼓励风景园林专业学生毕业后备考全国注册规划师证书考试，整理近十年全国注册规划师考试真题中与"住区建筑设计"相关的考试真题引入课堂实操与实践，而学生反响很好，参与度与学习热情较高，且会积极回答问题，最终提高回答问题、进行决策、提出解决方案的实践性高级思维能力；学会关注工作对于社会、健康、安全、法律与文化的影响，并且了解自身应该承担的社会责任感；践行社会主义核心价值观，提升基于住区规划与建筑设计对国家、社会、环境、地产企业、家庭住区的责任感 教学活动二：根据课程特点结合实际情境，引入疫情相关社会真实事件，通过武汉、遵义等城市疫情前、疫情中、疫情后等阶段情况诱导学生思考住区与疫情的关系，进而通过课程思政方法，挖掘火神山医院、无疫情住区、共同抗疫、住区管理、住区无接触配套规划等相关思政元素，培育学生大国精神、工匠精神、社会主义制度优越性、民族情感认同等，达到三全育人的目标，培养学生全面关注社会问题的能力

教学章节	思政元素	教学活动
住区建筑套型与住栋设计： 1. 住宅套内生活空间设计与组合门厅、起居空间、餐厅、主卧室、次卧室、书房、厨房、卫生间、走道过厅、阳台设计数据与要点；住宅套型空间组合设计 2. 住栋设计 （1）低层住宅设计特性，类型选择基本要求，低层住宅建筑设计建议指标 （2）多层住宅设计特性，类型选择基本要求 （3）高层和中高层住宅设计特性，类型选择，消防基本要求 （4）适应地域环境特点与基地地形特征的住栋设计 3. 公寓建筑设计 （1）公寓建筑的概念、类型和组成 （2）公寓居住单元组成空间设计 （3）公寓楼栋设计与交通安全、安全疏散设计，公共活动与生活辅助空间设计 （4）老年公寓设计：住户特点与功能要求，基地环境选择与规划，居住单元设计要点	思政元素目标： 关注社会老龄化问题，以及不同社会群体的住房问题，社会责任感的建立	教学活动一：根据课程特点结合实际情境，引入疫情社会真实事件，通过武汉、遵义等城市疫情前、疫情中、疫情后等阶段情况，引导学生思考住区与疫情的关系，进而通过课程思政方法，挖掘火神山医院、无疫情住区、共同抗疫、住区管理、住区无接触配套规划等思政元素 教学活动二：模拟住区售楼部、设计师与消费者身份进行"买房"交流，锻炼和培养学生转化知识、沟通交流的能力等
住区建筑风貌及造型、外部景观设计： 1. 居住建筑造型设计美学与设计原则 （1）居住建筑造型美学与原则 （2）新中式、欧式、现代等建筑设计风格案例欣赏和分析 2. 居住建筑造型设计方法与外部景观设计 （1）住区建筑体量与体型组织 （2）住区建筑立面元素组织 （3）住区建筑色彩与材质设计 （4）住区建筑重点设计与细部处理 （5）居住建筑景观设计 （6）居住建筑道路网结构和交通组织 （7）居住建筑外部空间场地设计	思政元素目标： 增强中国传统建筑艺术、美学的文化认同感与文化自信；对于新中式住区建筑美学提炼	教学活动：根据住区建筑风貌特点，绘制和设计符合西南山地地区喀斯特地貌民居，同时新中式建筑特点融合贵州多民族、多山地的自然和人文底蕴形成贵州地域建筑

第二节　课程思政与教学内容融合

教学模块一：绪论

教学目的与要求

（1）了解住区建筑设计课程的内容、性质和要求，住区建筑设计发展历程，现代居住区规划发展，居住建筑功能类型。

（2）理解和熟悉住区建筑设计的定义、内容和任务；掌握居住区规划设计任务与内容、设计成果；激发学生对住区建筑设计课程的兴趣，树立学好住区建筑设计课程的决心。

（3）掌握住区建筑设计的学习方法，能通过网络或图书馆检索查询以及居住区规划设计案例整理了解相关的知识点。

导入

通过对图片和文字的解析，引导学生对住区这个概念进行理解。

课程思政

培养风景园林学生发现问题、分析问题、解决问题的能力和探究精神。

一、住区建筑设计的定义、研究内容和任务

定义：城市居住区简称居住区，是指城市中住宅建筑相对集中的地区，其中包括居住区用地、住宅用地、公共绿地、中心绿地等。

研究内容与任务：科学合理、经济有效地使用土地和空间，遵循经济、适用、绿色美观的建设方针，确保居民基本生活条件。

设计内容主要包括8个方面：

（1）选择并确定用地位置、范围（包括改建范围）。

（2）确定规模（人口数量与用地大小）。

（3）拟定居住建筑类型、层数比例、数量、布置方式。

（4）拟定公共服务设施内容、规模、数量（建筑和用地）、分布与布置方式。

（5）拟定各级道路宽度、断面形式、布置方式。

（6）拟定公共绿地数量、分布与布置方式。

（7）拟定有关工程规划设计方案。

（8）拟定各项技术经济指标与造价估算。

二、我国古代居住区发展历程，现代居住区规划发展

古代发展：聚落式——原始社会、里坊式——西汉至唐、街巷式——宋代、胡同式——元代、大街——里弄式。

现代居住区发展：邻里单位—雷德朋新镇大街坊—新镇建设—新城市主义—扩大街坊与居住小区。

三、居住区规划设计成果

成果：包含居住区规划图纸、居住区规划说明书、居住区综合技术指标。

居住区规划图纸：区位图，现状图，用地规划图，总平面图，交通规划图，绿地系统规划图，配套设施规划图，基础设施规划图，竖向规划图，管线综合规划图，建设时序图，日照分析报告和交通影响评价分析报告，建筑单体选型方案，主要建筑平、立、剖面图，效果图。

居住区规划说明书：现状分析，规划原则、规划结构、规划人口与总体构思，规划方案分析（用地布局），空间组织和景观特色要求，道路和绿地系统规划，各项专业工程规划及管网综合，竖向规划，主要经济技术指标。

教学模块二：居住区类型及设计要求

教学目的与要求

（1）了解居住区类型分类。

（2）掌握《城市居住区规划设计标准》（GB 50180—2018）。

（3）认同和熟悉住区建筑在国民生活与社会发展中的价值，培养严谨规划设计意识与社会担当。

课程思政内容

（1）地下住所与覆土建筑（了解内容）。

（2）乡村住区与城市居住区（了解内容）。

（3）封闭式住区与开放式居住区（了解内容）。

（4）不同住宅层数居住区（重点内容）。

居住街坊的用地与建筑控制指标见表2-2、表2-3。

表2-2　居住街坊的用地与建筑控制指标（1）

建筑气候区划	住宅建筑平均层数类别	住宅用地容积率	建筑密度最大值（%）	绿地率最小值（%）	住宅建筑高度控制最大值（m）	人均住宅用地面积最大值（m²/人）
I、VII	低层（1～3层）	1.0	35	30	18	36
	多层I类（4～6层）	1.1～1.4	28	30	27	32
	多层II类（7～9层）	1.5～1.7	25	30	36	22
	高层I类（10～18层）	1.8～2.4	20	35	54	19
	高层II类（19～26层）	2.5～2.8	20	35	80	13
II、VI	低层（1～3层）	1.0～1.1	40	28	18	36
	多层I类（4～6层）	1.2～1.5	30	30	27	30
	多层II类（7～9层）	1.6～1.9	28	30	36	21
	高层I类（10～18层）	2.0～2.6	20	35	54	17
	高层II类（19～26层）	2.7～2.9	20	35	80	13
III、IV、V	低层（1～3层）	1.0～1.2	43	25	18	36
	多层I类（4～6层）	1.3～1.6	32	30	27	27
	多层II类（7～9层）	1.7～2.1	30	30	36	20
	高层I类（10～18层）	2.2～2.8	22	35	54	16
	高层II类（19～26层）	2.9～3.1	22	35	80	12

资料来源：2018版本《城市居住区规划设计标准》GB 50180—2018。

注：1. 住宅用地容积率是居住街坊内、住宅建筑及其便民服务设施地上建筑面积之和与住宅用地总面积的比值。

2. 建筑密度是居住街坊内、住宅建筑及其便民服务设施建筑基底面积与该居住街坊用地面积的比率（%）。

3. 绿地率是居住街坊内绿地面积之和与该居住街坊用地面积的比率（%）。

表 2-3　居住街坊的用地与建筑控制指标（2）

建筑气候区划	住宅建筑平均层数类别	住宅用地容积率	建筑密度最大值（%）	绿地率最小值（%）	住宅建筑高度控制最大值（m）	人均住宅用地面积（m²/人）
Ⅰ、Ⅶ	低层（1～3层）	1.0、1.1	42	25	11	32～36
	多层Ⅰ类（4～6层）	1.4、1.5	32	28	20	24～26
Ⅱ、Ⅵ	低层（1～3层）	1.1、1.2	47	23	11	30～32
	多层Ⅰ类（4～6层）	1.5～1.7	38	28	20	21～24
Ⅲ、Ⅳ、Ⅴ	低层（1～3层）	1.2、1.3	50	20	11	27～30
	多层Ⅰ类（4～6层）	1.6～1.8	42	25	20	20～22

资料来源：2018 版本《城市居住区规划设计标准》GB 50180—2018。

注：1. 住宅用地容积率是居住街坊内、住宅建筑及其便民服务设施地上建筑面积之和与住宅用地总面积的比值。

2. 建筑密度是居住街坊内、住宅建筑及其便民服务设施建筑基底面积与该居住街坊用地面积的比率（%）。

3. 绿地率是居住街坊内绿地面积之和与该居住街坊用地面积的比率（%）。

居住区按照居民在合理的步行距离内满足基本生活需求的原则，可分为十五分钟生活圈居住区、十分钟生活圈居住区、五分钟生活圈居住区及居住街坊四级，其分级控制规模应符合表 2-4 中的规定。

表 2-4　居住区分级控制规模

距离与规模	步行距离（m）	居住人口（人）	住宅数量（套）
十五分钟生活圈居住区	800～1 000	50 000～100 000	17 000～32 000
十分钟生活圈居住区	500	15 000～25 000	5 000～8 000
五分钟生活圈居住区	300	5 000～12 000	1 500～4 000
居住街坊	—	1 000～3 000	300～1 000

资料来源：2018 版本《城市居住区规划设计标准》GB 50180—2018。

课程思政内容

培养学生科学严谨、求真务实的逻辑思维，使其认识到住区规划与社会幸福之间的关系，增强学生对社会公平的认同。了解居住区规划设计目标概念：生理需求、安全需求、社交需求、休闲需求、美的需求，基本要求、安全要求、安全管控要求、其他要求，根据身边实际情景案例分析贵州山地住区建筑灾害事件与规划目标和要求的关系，培养思辨能力。居住区规划资料获取和使用与学生社会责任感以及住区规划法律法规与规范意识的培育。

课程内容与课程思政融合

国家政策、法律、规范性资料：①城乡规划法规及相关政策。②《城市居住区规划设计标准》（GB 50180—2018）。③其他现行工程相关规范。④城市总体规划、分区规划、控制性详细规划等。⑤居住区规划设计任务书。

自然及人文地理资料：①地形图：区域位置地形图（比例尺 1：5 000 或 1：10 000）、建设基地地形图（比例尺 1：500 或 1：1 000）。②气象：风向、气温、降水、云雾及日照，空气湿度、气压、雷击、空气污染度、地区小气候等。③工程地质。④水源。⑤排水。⑥防洪。⑦道路交通。⑧供电。⑨人文资料。

地质及水文资料：①冲沟。②崩塌。③滑坡。④断层。⑤岩溶。⑥地震。⑦洪水。

教学模块三：居住区规划布局与用地规划

教学目的与要求

（1）了解和熟悉居住区（居住街坊）规划布局原则、规划布局形式。

（2）掌握住宅及组群规划布置、住宅群体空间层次。

（3）培养坚持社会公正与关心社会弱势群体的住区规划设计态度。

课程思政

培养学生对于居住区规划与疫情关系的认知，提高学生结合实际生活情境运用规划思想的素养。

课程内容与课程思政融合

居住区规划布局原则：

（1）方便居民生活，利于安全防卫和物业管理。

（2）组织和居住人口规模相对应的公共活动中心，方便经营、使用和社会化服务。

（3）合理组织人流、车流和车辆停放，创造安全、安静、方便的居住环境。

规划布局形式：

（1）片块式。

特点：住区建筑在尺度、形体、朝向等方面具有较多相同的因素，根据日照间距构建紧密联系群体，不强调主次、等级，成片、成块布置。

应用：住区规划各级各类生活圈、居住街坊成片规划建设。

住区未来发展模式结构：小街区＋密路网（图2-1）。

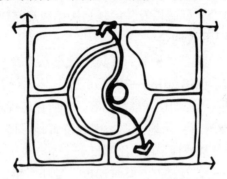

图2-1　居住区组团设计结构

（资料来源：自绘）

（2）轴线式。

特点：利用有形的规划轴线与无形的规划轴线相结合的设计模式和设计结构，呈现住区导向性和组合性。

应用：住区规划中居住街坊设计层次和类别（图2-2）。

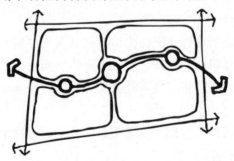

图2-2　居住区轴线设计结构

（资料来源：自绘）

（3）围合式。山地住区比较有代表性的结构模式由组合小区和住区的院落组成。各院落住宅建筑的尺度、形态、朝向基本一致，通过若干院落的组织，形成完整的小区。院落式整体性好，层次清晰，中心突出，功能分区明确，是居住规划中常用的结构模式之一（图2-3）。

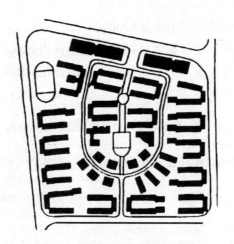

图 2-3　居住区围合式设计结构

（资料来源：自绘）

教学模块四：居住区配套设施及用地规划

教学目的与要求

（1）理解和熟悉居住区配套设施内容及分类。

（2）掌握配套设施指标制定与使用原则以及建设控制要求。

（3）激发学生的学习兴趣与调研归纳能力。

课程思政

强调居住区配套设施规划与社会稳定，人民安居乐业，培养学生对于社会主义核心价值观的认同与新时代规划设计工作者的社会责任感。

课程内容与课程思政融合

关于配套设施，应遵循配套建设、方便使用标准，基于统筹开放、兼顾发展的原则进行配置，且其布局应遵循集中和分散兼顾、独立和混合使用并重的原则，具体应符合下列规定：

（1）十五分钟生活圈和十分钟生活圈居住区配套设施应依照其服务半径相对居中布局。

（2）十五分钟生活圈居住区配套设施中，文化活动中心、社区服务中心（街道级）、街道办事处等服务设施宜联合建设并形成街道综合服务中心，其用地面积不宜小于 1 hm²。

（3）五分钟生活圈居住区配套设施中，社区服务站、文化活动站（含青少年活动站、老年活动站）、老年人日间照料中心（托老所）、社区卫生服务站、社区商业网点等服务设施，宜集中布局、联合建设，并形成社区综合服务中心，其用地面积不宜小于 0.3 hm²。

（4）旧区改建项目应根据居住区各级配套设施的承载能力合理确定居住人口规模与住宅建筑容量。当不匹配时，应增补相应的配套设施或对应控制住宅建筑增量（表 2-5～表 2-9）。

表 2-5　配套设施用地及建筑面积控制指标

类别		十五分钟生活圈居住区		十分钟生活圈居住区		五分钟生活圈居住区		居住街坊	
		用地面积	建筑面积	用地面积	建筑面积	用地面积	建筑面积	用地面积	建筑面积
总指标		1 600～2 910	1 450～1 830	1 980～2 660	1 050～1 270	1 710～2 210	1 070～1 820	50～150	80～90
其中	公共管理与公共服务设施 A 类	1 250～2 360	1 130～1 380	1 890～2 340	730～810	—	—	—	—
	交通场站设施 S 类	—	—	70～80	—	—	—	—	—
	商业、服务设施 B 类	350～550	320～450	20～240	320～460	—	—	—	—
	社区服务设施 R12、R22、R32	—	—	—	—	1 710～2 210	1 070～1 820	—	—
	便民服务设施 R11、R21、R31	—	—	—	—	—	—	—	—

资料来源：2018 版本《城市居住区规划设计标准》GB 50180—2018。

表 2-6　配建停车场（库）的停车位控制指标（车位 /100 ㎡ 建筑面积）

名称	非机动车	机动车
商场	≥ 7.5	≥ 0.45
菜市场	≥ 7.5	≥ 0.30
街道综合服务中心	≥ 7.5	≥ 0.45
社区卫生服务中心（社区医院）	≥ 1.5	≥ 0.45

资料来源：2018 版本《城市居住区规划设计标准》GB 50180—2018。

表 2-7 十五分钟、十分钟生活圈居住区配套设施设置规定

类别	序号	项目	十五分钟生活圈居住区	十分钟生活圈居住区	备注
公共管理和公共服务设施	1	初中	▲	△	应独立占地
	2	小学	—	▲	应独立占地
	3	体育馆（场）或全民健身中心	△	—	可联合建设
	4	大型多功能运动场地	▲	—	宜独立占地
	5	中型多功能运动场地	—	▲	宜独立占地
	6	卫生服务中心（社区医院）	▲	—	宜独立占地
	7	门诊部	▲	—	可联合建设
	8	养老院	▲	—	宜独立占地
	9	老年养护院	▲	—	宜独立占地
	10	文化活动中心（含青少年、老年活动中心）	▲	—	可联合建设
	11	社区服务中心（街道级）	▲	—	可联合建设
	12	街道办事处	▲	—	可联合建设
	13	司法所	▲	—	可联合建设
	14	派出所	△	—	宜独立占地
	15	其他	△	△	可联合建设
商业、服务设施	16	商场	▲	▲	可联合建设
	17	菜市场或生鲜超市	—	▲	可联合建设
	18	健身房	△	△	可联合建设
	19	餐饮设施	▲	▲	可联合建设
	20	银行营业网点	▲	▲	可联合建设
	21	电信营业网点	▲	▲	可联合建设
	22	邮政营业场所	▲	—	可联合建设
	23	其他	△	△	可联合建设
市政公用设施	24	开闭所	▲	△	可联合建设
	25	燃料供应站	△	△	宜独立占地
	26	燃气调压站	△	△	宜独立占地
	27	供热站或热交换站	△	△	宜独立占地
	28	通信机房	△	△	可联合建设
	29	有线电视基站	△	△	可联合建设
	30	垃圾转运站	△	△	应独立占地
	31	消防站	△	△	宜独立占地
	32	市政燃气服务网点和应急抢修站	△	△	可联合建设
	33	其他	△	△	可联合建设

续表

类别	序号	项目	十五分钟生活圈居住区	十分钟生活圈居住区	备注
公交场站	34	轨道交通站点	△	△	可联合建设
	35	公交首末站	△	△	可联合建设
	36	公交车站	▲	▲	宜独立设置
	37	非机动车停车场（库）	△	△	可联合建设
	38	机动车停车场（库）	△	△	可联合建设
	39	其他	△	△	可联合建设

表2-8 五分钟生活圈居住区配套设施设置规定

类别	序号	项目	五分钟生活圈居住区	备注
社区服务设施	1	社区服务站（含居委会、治安联防站、残疾人康复室）	▲	可联合建设
	2	社区食堂	△	可联合建设
	3	文化活动站（含青少年活动站、老年活动站）	▲	可联合建设
	4	小型多功能运动（球类）场地	▲	宜独立占地
	5	室外综合健身场地（含老年户外活动场地）	▲	宜独立占地
	6	幼儿园	▲	宜独立占地
	7	托儿所	△	可联合建设
	8	老年人日间照料中心（托老所）	▲	可联合建设
	9	社区卫生服务站	△	可联合建设
	10	社区商业网点（超市、药店、洗衣店、美发店等）	▲	可联合建设
	11	再生资源回收点	▲	可联合设置
	12	生活垃圾收集站	▲	宜独立设置
	13	公共厕所	▲	可联合建设
	14	公交车站	△	宜独立设置
	15	非机动车停车场（库）	△	可联合建设
	16	机动车停车场（库）	△	可联合建设
	17	其他	△	可联合建设

表 2-9　居住街坊生活圈居住区配套设施设置规定

类别	序号	项目	居住街坊	备注
便民服务设施	1	物业管理与服务	▲	可联合建设
	2	儿童、老年人活动场地	▲	宜独立占地
	3	室外健身器械	▲	可联合设置
	4	便利店（菜店、日杂等）	▲	可联合建设
	5	邮件和快递送达设施	▲	可联合设置
	6	生活垃圾收集点	▲	宜独立设置
	7	居民非机动车停车场（库）	▲	可联合建设
	8	居民机动车停车场（库）	▲	可联合建设
	9	其他	△	可联合建设

资料来源：2018 版本《城市居住区规划设计标准》GB 50180—2018。

注：1. ▲为应配建的项目；△为根据实际情况按需配建的项目。

　　2. 在国家确定的一、二类人防重点城市，应按人防有关规定配建防空地下室。

教学模块五：住区建筑套型与住栋设计

教学目的与要求

（1）了解住宅套内生活空间功能组成。

（2）理解和熟悉套内生活空间设计数据。

（3）掌握住宅套型空间组合方法。激发学生学习兴趣，增强联系实际问题的能力。

课程思政

强调居住区套型设计与社会稳定、人民安居乐业、新型城镇化的关系，培养学生对于社会主义核心价值观的认同与新时代规划设计工作者的社会责任感。

课程内容与课程思政融合

贵州喀斯特地貌地形特点促成了当地独特的民居风貌。根据最新的城市居住区规划设计标准，低层住宅、多层住宅、高层住宅以及独栋别墅等建筑类型都由层数与层高决定。此部分课程培养学生在住区规划与建筑设计中关注社会弱势群体、进行六盘水市城区城中村现状评价分析与老旧社区改造和提升的责任意识，促进教育公平、公共服务设施平衡、职住平衡等社会问题解决。

教学模块六：住区建筑风貌及造型、外部景观设计

教学目的与要求

（1）了解居住造型种类。

（2）理解和熟悉实用性、经济性和功能性。

（3）掌握适宜尺度与生态理念；树立理论联系实际、学以致用的思想；关注生态文明理念、造型与工程技术配合、建筑内外空间角度配合，强化严谨与实用的科学态度以及中国文化自信的传承与认同感培养。

课程思政

住区风貌与城乡地域文化自信结合，培养学生的文化自信。结合地域文化与西南区域居住模式进行地方本土文化传承与创新应用。

课程内容与课程思政融合

（1）山地居住建筑造型美学与原则。

（2）新中式、欧式、现代等建筑设计风格案例欣赏和分析；住区建筑体量与体型组织。

（3）山地住区建筑立面元素组织。

（4）山地住区建筑色彩与材质设计。

（5）山地住区建筑重点设计与细部处理。

（6）山地居住建筑景观设计。

（7）山地居住建筑道路网结构和交通组织。

（8）山地居住建筑外部空间场地设计。

第三节　教学目标及教学策略

"住区建筑设计"课程的主要教学目标基本对标和结合了六盘水师范学院规定的 5 大类 25 小类课程教学目标，并结合工科专业的特点，引入"工程教育认证通用标准"中的相关毕业要求，设置了课前、课中、课后全过程

的具体教学目标，并对课程中的某个章节进行目标再分解，从而不断深化课程教学目标的多维度设置。具体如下：山地住区建筑设计课程旨在引导学生理解山地居住区规划设计和住区建筑设计的基本知识及其应用。通过讲授使学生了解山地居住区类型及设计要求、规划布局与用地规划、道路系统与停车设施规划、山地住区环境景观及绿化规划设计、竖向设计、地下空间规划、老龄化社区及居住养老规划、住区建筑套型设计、住栋设计、山地公寓建筑设计、造型设计、建筑结构设计、绿色节能与低碳化设计等知识应用，从而使其实现对住区建筑设计知识体系的总体掌握。

一、目标设置

通过课程学习，使学生能够达到以下目标：

（1）学科专属知识与技能，即了解风景园林工程材料及园林植物的基本性能和应用方法，拥有风景园林规划、住区建筑设计、各种尺度空间场所景观设计相关基本实践能力。

（2）高级思维能力，即具备一定的组织与管理能力，能分析识别山地住区建筑设计及风景园林工程问题，能解决山地住区建筑规划、设计及施工中遇到的常见问题。

（3）个人发展，即具备手绘、计算机制图及模型制作的基本技能，掌握住区建筑设计图文表达的方法与技术。

基于上述教学目标，在课程讲授与设计实践环节可采用多种形式活动，而在之前教学活动设计中已经明确了几种比较有效果的形式，旨在调动学生积极性和学习兴趣，增强学生学习效果获得感。

二、教学策略分析

教学策略1：除基本课堂讲授策略外，在教学活动中可将"积木"教具贯穿全过程，运用积木模拟真实住区空间规划与建筑设计，从而使学生掌握住区规划学科专属知识与技能，以及将"住区建筑设计"课程所学指标计算（如容积率、建筑密度、平均层数、绿地率等）原理与结论应用于新问题、新情境的能力；对于个人发展与工作与事业准备方面，通过设计小组协作、沟通交流，2019级、2018级、2017级、2016级、2015级风景园林学生普遍反映能够较好培养与提高同他人进行富有成效合作的能力，提高口头表达与沟通交流能力，成为主动且高效的学习者，体验到学习的乐趣（图2-4）。

（a）住区建筑设计课堂讨论

（b）住区建筑设计课堂方案设计

（c）教具使用

（d）模拟住区规划

图 2-4

（e）模拟设计成果展示

图 2-4　风景园林专业学生运用积木计算山地住区指标和布局应用

（资料来源：课堂拍摄）

教学策略 2：基于 OBE 产出导向目标，整理近十年全国注册规划师考试真题中与"住区建筑设计"相关内容并将其引入课堂，而学生对此反响良好，参与度与学习热情较高，会积极回答问题，最终益于提高风景园林专业学生回答问题、进行决策、提出解决方案的高级思维能力；学会关注工作对于社会、健康、安全、法律与文化的影响，并且了解自身应该承担的社会责任感；践行社会主义核心价值观，提升针对住区规划与建筑设计对于国家、社会、环境、地产企业、家庭住区的责任感的人文价值观培育效果（图 2-5）。

（a）考研真题与规划师真题训练

（b）考研真题与规划师真题训练

图 2-5 风景园林专业学生训练考研真题与注册规划师真题

（资料来源：课堂拍摄）

教学策略 3：根据课程特点结合实际情境，引入疫情社会真实事件，以武汉、遵义等城市疫情前、疫情中、疫情后等阶段情况引导学生思考住区与疫情的关系，进而通过课程思政方法，挖掘火神山医院、无疫情住区、共同抗疫、住区管理、住区无接触配套规划等思政元素，培育学生的大国精神、工匠精神、社会主义制度优越性、民族情感认同等，达到三全育人的目标，培养全面关注社会问题的人文价值观。

教学策略 4：超星学习通解决了线下课堂课时量不够的现实问题，补充了利用互联网及时答疑与互动，促成了良好的互动机制，其中学习通的授课资源、非视频资源、课程公告、课堂活动、测验和作业、互动交流、考核（试）多种教学策略的制定和研究分析很关键。本课程在现有教材基础上，根据学科知识体系的完整性，还提供了一定数量的辅助学习资料：清华大学闫寒编著的《建筑学场地设计》、芦原义信编著的《外部空间设计》课外读物；各类住区建筑设计用到的规范、标准及对应的图集，如《建筑设计防火规范》《无障碍设计规范》等。除了上述内容，还在上课时布置了一定的课外学习的内容，如《住宅建筑构造图集》《室外工程细部构造》《建筑工程设计文件编制深度规定》等。教学策略的多样性有助于较好地将知识迁移为能力培养，由低阶知识讲授提升为高阶性的能力探索（表 2-10）。

表 2-10　2021—2022 第一学期住区建筑设计互联网课程

类别	项目	总计
选课人数	人数（人）	36
授课资源	授课视频总数量（个）	3
	授课视频总时长（分钟）	68
非视频资源	数量（个）	82
课程公告	数量（个）	43
课堂活动	发放活动总数（次）	10
	参与活动总数（人次）	36
	发放签到总数（次）	10
	参与签到总数（人次）	36
	发放投票总数（次）	0
	参与投票总数（人次）	0
	发放问卷总数（次）	1
	参与问卷总数（人次）	0
	发放选人总数（次）	10

续表

类别	项目	总计
课堂活动	参与选人总数（人次）	10
	发放抢答总数（次）	5
	参与抢答总数（人次）	20
	发放评分总数（次）	0
	参与评分总数（人次）	0
	发放随堂练习总数（次）	0
	参与随堂练习总数（人次）	0
	发放分组任务总数（次）	0
	参与分组任务总数（人次）	0
测验和作业	总次数（次）	14
	习题总数（道）	11
	参与人数（人）	36
互动交流情况	发帖总数（帖）	1 176
	教师发帖数（帖）	9
	参与互动人数（人）	36
考核（试）	次数（次）	6
	试题总数（题）	6
	参与人数（人）	36
	课程通过人数（人）	36

　　教学策略 5 ：模拟住区售楼部、设计师与西南山地城市购房消费者身份进行"买房"情境交流，锻炼和培养学生转化知识、沟通交流的能力，同时促使学生逐渐具备手绘、计算机制图及模型制作基本技能，掌握住区建筑设计图文表达的方法与技术。教师需反馈存在的问题并进行方法改进活动（图 2-6 ）。

（a）教师点评学生情境与角色扮演

图 2-6

（b）教师点评学生情境与角色扮演

图 2-6　风景园林专业学生情境与角色扮演，教师点评

（资料来源：课堂拍摄）

本章小结

　　基于 OBE 成果产出导向与学生职业能力培养目标，在"住区建筑设计"课程与西南山地住区规划、建筑设计实践环节，着重突出学生解决山地住区科学问题能力，培养学生发现问题、分析问题、解决问题的能力和探究精神；培养学生对于社会主义核心价值观的认同与新时代规划设计工作者在社会公平方面的社会责任感；课程思政与教学策略的联动益于顺利达到思政育人目标；课程环节引入考研真题与行业全国注册规划师历年考试真题。学生未来的两大职业和学习发展方向和动态为：规划设计院技术工作与硕士研究生学历提升。本课程理论部分授课为线上形式，强调资源共享，同时现场录制理论授课视频，课件每次在上课前至少两天上传至平台，真题训练及讨论题在授课完成后第二天上传系统，现场所录制上课视频能够帮助部分学生解决课上所留疑惑，再次答疑；提前上传住区建筑设计的相关课件可让学生对上课知识有初步的了解，起到预习的作用；课后准备的作业和讨论则是为了帮助学生巩固上一节课所学知识，加强教学知识点的闭环学习与检验。除

充分利用线上资源的整合外，在课下也鼓励学生通过各种渠道向任课教师提问，主要有实践课现场答疑及 qq 群、微信群软件答疑，对个别学习困难的学生进行专门辅导与解答，直至其完全掌握学习内容。集中答疑在实践课上比较常见，从学生反映的学习体验问卷及反馈结果来看，学生在住区规划与住区建筑设计的规范、数据指标计算、日照间距、防火间距、建筑布局方面问题较多。由此可见，教学活动、教学设计、教学策略的制定一定要基于目标和问题导向，"以学生为中心，以产出为导向，持续改进"贯穿于人才培养全过程。

第三章　教学实践与第二课堂
设计成果作品

　　基于着重突出产出导向人才培养目标，在"第二课堂（设计实践环节）+第三课堂（实际设计项目环节）"综合实践中分别强调贵州省典型代表性城乡区域住区规划与建筑设计，对标六盘水师范学院地方性应用型办学定位，着力培养工程师。

　　《贵阳市乌当区山地住区环境舒适度实验与空间优化》《水城区玉舍镇住区人居环境安全评价与实用性规划》所强调四个主要的设计任务，旨在通过解决地方实际住区问题，贯彻落实贵州省新型城镇化与乡村振兴战略要求，达到人民安居乐业与居住生活品质提高目标，同时促进老旧社区改造，山地城市更新，山地住区空间优化。六盘水市、贵阳市、遵义市等地区运用城市体检理论与方法，评价住区交通、教育、医疗、就业、景观、配套设施、公共服务设施、房价、建筑风貌等多个方面资源现状并总结出了相应的数据，为下一步贵州省城乡住区更新与品质提升以及建设用地控制指标分配提供一定参考与案例库，让学生参与到贵州省新型城镇化、乡村振兴、乡村民居设计工作中，培养学生解决实际工程问题的能力，促进学生理解"绿水青山就是金山银山"的生态文明思想和理念，学生建立从工程设计的科学问题的提出—科学设计方法和思路制定—现状资源和现状问题梳理—设计场地数据整理与分析评价—结果与结论—探究问题、逻辑思维的科学认知与严谨实践态度。

第一节　课题实践项目一：六盘水山地城乡住区调研与实施

一、六盘水城区二屯社区设计实践

　　项目背景：六盘水城区二屯社区位于黄土坡街道，周边多为教育用地和商业用地等，人流聚集较为普遍，本次课题相关社会实践重点在于引导学生运用山地住区课程理论知识，通过问卷方法、调研方法、定性评价与定量评价相结合，运用空间句法与 SPSS 数据分析评价黄土坡街道二屯社区基地现状。具体要进行基地地形分析、居住人口圈层分析、建筑形制与建筑质量分析、人群活力点热力分析、住区业态分析，要总结住区生活圈短板与不足、现状问题与住民需求，从而制定相应的问题解决策略，形成可供参考的设计案例。

实践目的：开展六盘水本土居住社区调查与实践，使学生能够较好地掌握山地住区区别于其他地方住区的现状和问题，能够通过分析和思考，关注到民生住房、教育、生活质量等社会问题，达到思政育人的人才培养目的。

图 3-1 为基地建设过程中人口分布状况。

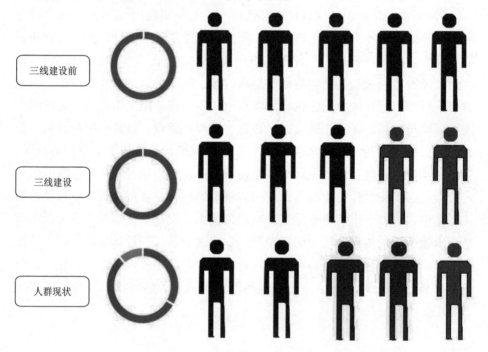

三线建设前

三线建设

人群现状

图 3-1　基地建设过程中人口分布状况

基地建设以前，原来村民点的人口居住于二屯社区，二屯社区现建设用地以前是村民的耕地。基地建设时期大量外来人员来此地支援基地建设，土地被扭转为单位住房，居住人群为原来居民和单位人员。随着能源枯竭，大量人员流出，住房条件不好，房屋便租给收入低的人，原来单位人员不足百分之五。

基地人口结构如图 3-2 所示。

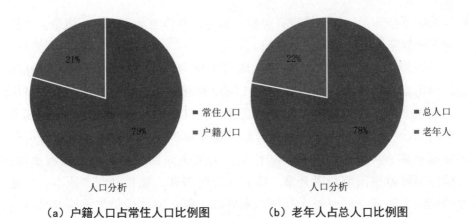

（a）户籍人口占常住人口比例图　　　（b）老年人占总人口比例图

图 3-2　基地人口结构

（资料来源：课程团队整理绘制）

图 3-2（a）：常住人口与户籍人口的结构分析，结果表明二屯社区的建筑主要为出租。

图 3-2（b）：老年人在总人口中的比例为 28%，二屯社区定位为老年化社区。

图 3-3 为基地住区建筑形制。

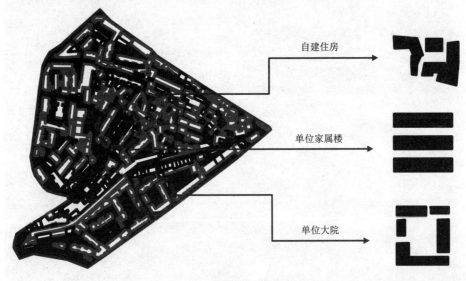

图 3-3　基地住区建筑形制

（资料来源：课程团队整理绘制）

呈现特点：多数自建住宅均按照沿街、沿河的空间秩序建设，但其总体形态依旧呈现出较杂的特性。该片区存在多个单位院落，如粮油局、税务局、人保单位等，均规划建设有单位家属楼，整体空间形态有序组合。单位院落有序分家，新型建筑无序簇拥。

呈现特点：外新内旧，建筑风貌需求即为了建筑风貌统一，二屯社区整体沿街多为新建筑，而内部建筑长期没有翻新重建，所以就形成了城中村，建筑老旧，环境脏乱差，电路老化。尤其老旧的多为自建民房。随着时代的发展，原本的单位大院被分解。由于家属楼被分配给个人，没有得到更新重建，环境逐渐变差，居住的多为老人，而单位办公楼翻新重建，所以家属楼就被围墙分隔开来。随着单位的搬移、撤销并制，原本一个整体的单位大院就会同时搬入其他多家单位，那么整体的单位大院就会被一堵围墙一分为二，一分为三，有的单位崭新，有的单位老旧，并对租给外来务工人群。

图 3-4 为基地住区现状的形象展示。

图 3-4　基地住区现状

（资料来源：作者拍摄）

图 3-5 为活力点分析情况。

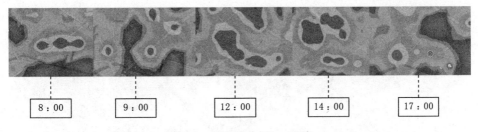

图 3-5　活力点分析——业态

（资料来源：课程团队整理绘制）

结果表明：从热力图可以看出二屯社区主要的休闲空间节点是合力超市门前和高架桥休闲空间节点。在早上九点、下午五点后合力超市门前和高架桥休闲空间节点人流量大，大量老年人在这个时间点在此区域聚集。

总结：现状问题与住民需求如下所述。

（1）问题。

建筑方面：建筑外靓内乱；违法加建；新旧建筑风貌不一；老旧建筑光照不足；楼梯不满足逃生要求。

道路交通方面：断头路；路窄巷子深；僵尸车；无消防通道；极易拥堵。

公共服务设施方面：绿化不足；休憩空间量少质差；学校不少但上学难；区域功能性质重叠化；环境脏乱差。

（2）需求。

社区居民：绿化增多；完善休闲空间；环境治理；解决孩子上学问题；"家庭医生"；解决"僵尸车"还原道路宽度；便利停车；拓宽楼道宽度；楼道装灯。

摊主：固定摊位；菜场卫生统一整治；解决路面排水；菜场空间集约管理；优化市场环境。

二屯社区空间演化特征：三线建设以前少数的原住村民居住在二屯，二屯大部分都是村民的耕地。为了支援三线建设，大量外来人员来到六盘水，六盘水蓬勃发展，二屯的大量土地被用于建设单位大院和单位机关家属楼。二屯居住社群为原住居民和单位工作人员及其家属，所以二屯社区的社群关系特征为地缘和业缘。随着经济、社会政策，国有企业等改革的深入，单位大院瓦解，机关单位家属楼产权归个人所有，住房条件和环境逐渐劣化，大量人口流出。经调查访谈了解到，二屯社区的居民中原单位人员及其家属已不足百分之五，原单元家属楼多数租给低收入人群、非固定工作人员和带孩子读书的家庭（图 3-6）。

三线建设前的空间格局　　　　三线建设时的空间格局　　　　现在的空间格局

图 3-6　住区建筑性质

（资料来源：课程团队整理绘制）

结果表明：根据对标《城市居住区规划设计标准》GB 50180—2018 在五分钟生活圈内有幼儿园、社区商业网点、社区服务站、老年人日间照料中心、生活垃圾处理站，但缺少户外活动场地；在十分钟生活圈内增加了小学、中学、广场、户外活动场地及再生资源回收站；十五分钟生活圈在十分钟生活圈的基础上增加了公园。

结合上述分析调查和评价结果，明确了六盘水市黄土坡街道二屯社区住区存在的住区现状问题和人群需求，同时对标国家住区标准补短板、制定设计策略，分别与五分钟生活圈、十分钟生活圈、十五分钟生活圈层面一一对应，找出问题，补充不足，再分别从教育、医疗、商业、银行、公园、中学、垃圾收集站和中转站等与住区居民、商业店主需求的角度追求六盘水市山地住区生活需求和高质量人居环境优化，达到二屯社区旧区改造与有机更新的设计目标。

二、六盘水城区七十三社区设计实践

项目背景：七十三社区位于六盘水市钟山区黄土坡街道北侧，紧邻六盘水中山医院、夏娃医院、袁娅牙科，生活便捷；周边道路有明湖路、人民路、向阳北路以及钟山大道，交通便利；社区内部有服装批发城，向阳便民菜市场，烙锅店、烤鸭店等美食商铺，生活设施齐全；区域内还有水城县中医院、妇幼保健站等，医疗服务设施齐全。

实践目的：通过六盘水本土居住社区调查与实践，对标国家住区标准，以通过分析和思考，关注民生住房、教育、生活质量等社会问题和社区不足与短板，达到思政育人的人才培养目的。七十三住区实践思维导图如

图 3-7 所示。

科学问题：多种居住小区模式共存的社区环境下，如何打造五分钟生活圈？

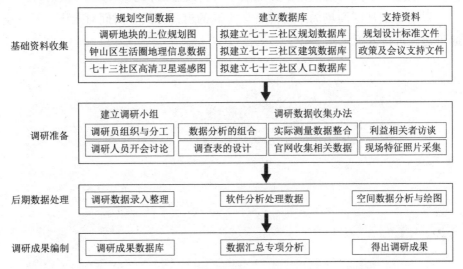

图 3-7 七十三住区实践思维导图

（资料来源：课程团队整理绘制）

图 3-8 呈现七十三住区公共服务设施核密度。

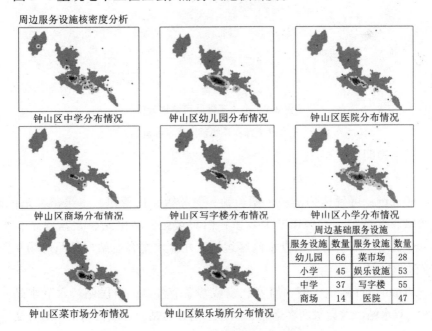

周边基础服务设施			
服务设施	数量	服务设施	数量
幼儿园	66	菜市场	28
小学	45	娱乐设施	53
中学	37	写字楼	55
商场	14	医院	47

图 3-8 七十三住区公共服务设施核密度分析

（资料来源：课程团队整理绘制）

结果表明：六盘水市钟山区七十三社区周边服务设施基本齐全，建设点较多，但是分布较为集中，服务范围单一，覆盖面积小。

以七十三社区商场为中心点，以不同的出行方式、时间对七十三社区交通可达性进行分析（图3-9）。

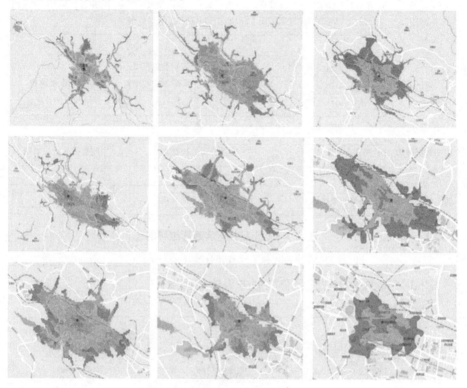

图3-9　七十三住区可达性分析

（资料来源：课程团队整理绘制）

结果表明：

（1）驱车。

60 min：可到达勺窝镇、阳长镇、鬘岭镇、比德镇、木果镇、东风镇、二塘镇、猴场镇、玉舍镇9个乡镇；白鸡坡站、裕民站、六盘水站、水城站、双水站、滥坝站、六盘水西客运站、六盘水南客运站、月照机场9个对外交通枢纽站。

30 min：可到达中寨、官寨、宣威寨3个村寨；裕民站、六盘水站、水城站、双水站、六盘水西客运站、六盘水南客运站、月照机场7个对外交通枢纽站。

15 min：可到达六盘水市公安局、六盘水职业技术学院、六盘水师范学院、麒麟公园、佛顶寺；六盘水站、六盘水西客运站 2 个对外交通枢纽站。

（2）骑行。

60 min：骑行 60 min 相当于驾车 30 min。

30 min：可到达六盘水师院公租房、凉都体育中心、水钢体育馆、大河镇中心学校、灵山寺、白云山庄；六盘水站、六盘水西客运站、六盘水四通客运站 3 个对外交通枢纽站。

15 min：可到达六盘水动物园、德宏大厦、人民广场、万达广场、六盘水师院、明湖湿地公园；六盘水站 1 个对外交通枢纽站。

（3）步行。

60 min：相当于骑行 30 min。

30 min：相当于骑行 15 min。

15 min：可到达建设路社区、松坪南路社区、区府路社区、二屯社区 4 个社区。

结果表明：根据对标《城市居住区规划设计标准》GB 50180—2018 七十三社区中幼儿园、社区商业网点、公共厕所满足五分钟生活圈的配套要求，但缺乏社区服务站、文化活动站、小型多功能运动场地、托老所等社区服务设施；十分钟生活圈基本满足配套要求，但缺乏中型多功能运动场地；十五分钟生活圈基本满足初中、门诊部、福利院、养老院等公共管理和公共服务设施配套要求，满足商场、餐饮、银行、电信营业网点等商业服务业设施配套要求，缺乏大型多功能运动场地、文化活动中心等公共管理和公共服务设施。

结果表明：七十三社区主要以商业、居住用地为主。商业用地集中在区域东南部，居住用地分布于区域西北部及中部，医疗卫生用地位于西部。商业用地主要为明湖高架桥网格、小商品市场网格、农贸市场网格、乡企网格、七十三网格、川心六组网格、恒丰网格，临近明湖高架桥、明湖路与人民路交界处。居住用地主要为二类居住用地。

结果表明七十三住区主要有以下 7 类公共服务设施。

（1）教育设施：满天星幼儿园、黄土坡中心幼儿园。

（2）医疗设施：京州口腔医院、水城县中医院、妇幼保健站、袁媛牙科。

（3）行政管理设施：中共六盘水市中央委员会、钟山公安分局、居民委员会、老县公安局。

（4）文化体育设施：水城县文化活动室、六盘水市易经研究协会、健身场所。

（5）快递服务设施：小兵社区驿站。

（6）零售产业设施：鑫鑫百货超市、向阳便民菜市场、健一生药店、康福药房、老二中批发市场。

（7）公共设施：公共厕所。

问题诊断：①缺乏社区服务设施：社区服务中心、托老所、卫生服务站、生活垃圾收集点。②缺乏公共设施：厕所。③缺乏文化体育设施：文化活动站、小型多功能场地。④缺乏公共设施人文关怀：没有儿童娱乐设施、适老化设施不足、没有室外综合健身场地。

人群结构：以中青年为主，其中35～55岁人口占总人口的32%；社区中含77%流动人口，大都以租户为主。在七十三社区中，48.9%的人口集中分布在社区东南部区域，其中农贸市场网格和恒丰网格人口占比大（图3-10、图3-11）。

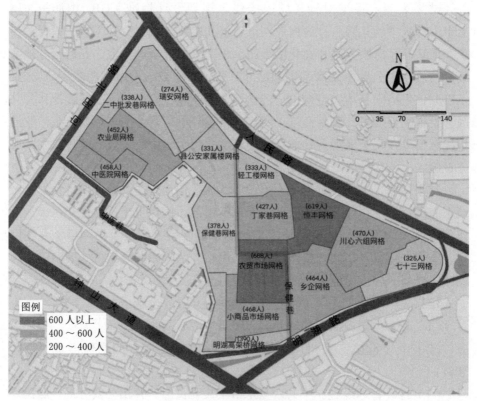

图3-10　七十三住区公共服务设施现状配置

（资料来源：课程团队整理绘制）

人群年龄结构

80 岁以上 ▪ 1%
65～79 岁 ▬ 5%
55～64 岁 ▬▬ 8%
35～55 岁 ▬▬▬▬▬▬▬▬▬▬▬ 32%
15～24 岁 ▬▬▬▬ 15%
10～19 岁 ▬▬▬▬▬ 16%
0～15 岁 ▬▬▬▬▬ 18%

常住人口分析

流动人口 ▬▬▬▬▬▬▬▬▬▬ 77%
常住人口 ▬▬▬ 23%

男女结构

女 ▬▬▬▬▬▬▬ 52%
男 ▬▬▬▬▬▬▬ 48%

图 3-11　人群结构分析

图 3-12 为七十三住区热力图分析。

周一至周五热力图

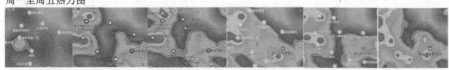

7:00～8:00　9:00～10:00　10:00～11:00　11:00～12:00　12:00～14:00　14:00～15:00

15:00～16:00 16:00～17:00 18:00～19:00 20:00～21:00 21:00～22:00 22:00～23:00 23:00～24:00

周末热力图

7:00～8:00 8:00～9:00 9:00～10:00 10:00～11:00 11:00～12:00 12:00～13:00 13:00～14:00 14:00～15:00

15:00～16:00 16:00～17:00 17:00～18:00 18:00～19:00 20:00～21:00 21:00～22:00 22:00～24:00

图 3-12　七十三住区热力图分析

（资料来源：课程团队整理绘制）

现状评价结果表明：

临近公交车站、批发市场、小商品市场、学校的地方是人口聚集暴发点。社区工作人员、学生、上班族等在早晚活动频率最高。

建筑高度分析现状评价结果表明：

1～3 层：石昌石材建材商店、幼儿园、七十三商场、七十三社区、川心六网格；4～6 层：建材市场、皮防站、农贸市场网格、丁家巷网格、轻工楼网格；7 层以上：七十三社区居委会、广宇旅社、个创电脑数码城、恒丰网格、明湖高架桥网格、中医院网格。

问题诊断：①小高层建筑与低层建筑之间应满足 13 m 的日照间距，但是当前建筑间距尚不满足。②低层建筑布局密集，低层建筑与建筑之间多为狭窄巷道。

表 3-1 为七十三住区经济技术指标分析。

表 3-1　七十三住区经济技术指标

项目	现状经济指标	百分比（%）	规范经济指标（%）
总用地面积（hm²）	12	100	100
住宅用地（hm²）	9.7	80.8	55～65
配套设施（hm²）	0.78	6.5	12～22
公共绿地（hm²）	0.12	1	5～15
城市道路用地（hm²）	1.4	11.7	9～17
居住总人口（人）	6 415	—	—
总户数（户）	2 960	—	—

资料来源：课程团队整理绘制。

总结：

社区住宅用地面积占比过大，配套设施用地不足 12%～22%，公共绿地不足 5%～15%，后期规划应相应减少住宅用地面积，增加配套设施及公共绿地面积。

七十三住区推荐户型如下所述。

（1）户型一。

户型：A1（一室一厅一卫）、A2（两室一厅一卫）。

服务人群：供一人居住，单身公寓；总共两人居住。

A1 户型：一室一厅一卫，总面积为 48.75 m²。

房间使用面积（m²）：厨房 6.09；卫生间 5.22；起居室＋餐厅 14.82；卧室 15.6；阳台 7.02。

A2 户型：两室一厅一卫，总面积为 71.32 m²。

房间使用面积（m²）：厨房 5.11；卫生间 6.72；起居室 + 餐厅 24.37；主卧 14；次卧 13.2；阳台 7.92。

（2）户型二。

两室一厅两卫。

服务人群：供两人居住或一家三口居住。

房间使用面积（m²）：厨房 7.11；餐厅 11.18；储藏室 3.87；主卫 5.04；次卫 4.84；洗衣房 0.66；主卧 19.06；次卧 10.32；生活阳台 36.58；服务阳台 2.52。

总面积（除交通使用空间外）148.88m²。

（3）户型三。

服务人群：可供一家三口、一家四口、一家五口等居住。

设计户型：三室两厅两卫，一梯四户，分为 A 户型和 B 户型（表 3-2）。

A 户型：三室两厅两卫，总面积为 94.32 m²。

B 户型：三室两厅两卫，总面积为 62.98 m²。

初步设计构思：考虑到社区二胎家庭较多，设计四室可满足其生活需求。在建套型上，采用蝶形，该套型室内通风性强，日照良好，在一定程度上可避免套间视线干扰。

表 3-2　三室两厅 A、B 两种户型内部结构

A 户型		B 户型	
房间	使用面积（m²）	房间	使用面积（m²）
起居室 + 餐厅	38.3	起居室 + 餐厅	21.52
厨房	6.05	厨房	4.52
主卫	4.35	主卫	3.74
次卫	4.35	次卫	3.13
主卧	17.86	主卧	12.59
次卧	18.54	次卧	15.28
阳台	4.87	阳台	2.2

三、六盘水城区荷泉街道松坪北路老年社区更新设计实践

项目背景：松坪北路社区东起水西北路，西至七十三大转盘、明湖路，南抵钟山中路，北及贵昆铁路，辖区面积 0.8 km²。现有 13 个居民小组，总

户数4 067户，总人口14 461人，机关和企（事）业单位共46家，学校两所、农贸市场1个，住宅小区共16个，住区中楼栋117个（图3-13）。

实践目的：对标工程认证，工科专业本科生需要具备解决复杂工程问题的能力，具备认知工程与社会关系及团队协作能力。

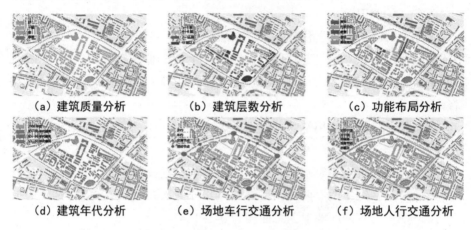

(a) 建筑质量分析　　　(b) 建筑层数分析　　　(c) 功能布局分析

(d) 建筑年代分析　　(e) 场地车行交通分析　　(f) 场地人行交通分析

图3-13　荷泉街道松坪北路住区现状分析

（资料来源：课程团队整理绘制）

建筑年代：住区内部分建筑年代比较久远。主要为三线建设前的小瓦房及三线建设后的单位大院，无保护价值，可拆除。

交通：因为地形高差不足8 m，场地内车行交通方便，所以出现了乱停乱放的现象，存在比较大的消防隐患。

建筑质量：场地内建筑质量一般，部分为破旧瓦房，但单位大院存在乱搭乱建现象，整体面貌有待提升。

建筑层数：区内以多层为主，部分老破旧瓦房为低层，周边高层居多，并以公共建筑为主。

建筑功能：场内建筑功能布局不完善，没与整个社区形成系统。

问题诊断：住区管理问题与照明问题；停车问题与适老化问题；建筑风貌问题；社区活力度低问题；缺少交往空间问题；住区配套不足问题。

四、六盘水城区凤凰社区城中村更新设计实践

项目背景：六盘水城区凤凰社区凤凰村位于六盘水市中心郊区，主村面积3.2 km²，下辖3个村民组，本次调查区域为凤凰村二组。该区域位于贵州省六盘水市钟山区凤凰街道与荷城街道交界处，面积为24.5 km²，周长1 994 m，南邻荷泉路，北邻凉都大道，有着良好的区位优势。

实践目的：关注城乡结合部分城中村人居现状和问题，增强设计责任感和关注社会弱势群体意识。

调查结果表明：该基地内没有遵照国家标准五分钟生活圈居住区配套设施设置规定，社区缺乏文化活动场所以及小型多功能的运动场地，未设置室外综合健身场地，也没有设置老年人日间照料中心等。再生资源回收站点分布零散，未设置非机动车停车场及机动车停车场等。

图3-14展现了六盘水凤凰社区城中村住区街巷现状。

街巷编号	位置	形态特征	数据	街巷编号	位置	形态特征	数据
1			长度：104 m 宽度：3～9 m	5			长度：87 m 宽度：2～6 m
2			长度：122 m 宽度：2 m	6			长度：113 m 宽度：2～8 m
3			长度：64 m 宽度：1～4 m	7			长度：62 m 宽度：2～6 m
4			长度：98 m 宽度：3～12 m	8			长度：183 m 宽度：9 m
				9			长度：152 m 宽度：5～8 m

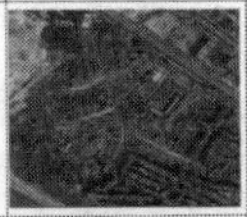

图3-14 六盘水凤凰社区城中村住区街巷现状

（资料来源：课程团队整理绘制）

住区街巷布局问题诊断：

街巷布局较为杂乱，宽窄不一，且街巷两旁建筑布局毫无规律。

问题形成原因：

1～2号街巷为三线建设时期形成的布局形式，其建筑为单位家属楼以及三线建设职工楼，建筑较为整齐。但是目前居住户数不足五户，且较多棚户（建议拆除）。

3～4号、6号街巷为居民自建楼，且目前居住人群较少，布局较为杂乱，建筑质量较低（建议拆除）。

5号、9号街巷为看守所周边街巷，并且不满足退让距离（30 m），看守所周边居民居住较少，多半将建筑等作库房。建议搬迁看守所周围建筑

（建议整改）。

8号街巷为拆迁安置房旁街道，建筑整齐排布，建筑年代较新（建议保留）。

图3-15为六盘水凤凰社区城中村住区情况。

图3-15　六盘水凤凰社区城中村住区情况

（资料来源：课程团队整理绘制）

结果表明：通过现场勘探发现，凤凰社区街道整体活力度不足，具体存在四个活力点，分别是小卖部、居民集中取水处、小吃摊、安置房旁小广场，停留时间最短15 min，最长3～4 h。从活力度聚集点得出形成活力点的几个特点：冬天充足的阳光、非穿行的通道、有围合感、开阔的视野，可以将这几点当作后期规划改造的考虑范围。

图3-16呈现出了六盘水凤凰社区城中村三线建设建筑的文化特征。

（a）凤凰社区城中村三线建筑构造

（b）凤凰社区城中村三线建筑建筑楼梯

图 3-16

（c）凤凰社区城中村三线建筑栏杆

图 3-16　六盘水凤凰社区城中村三线建设建筑的文化特征

（资料来源：作者拍摄）

　　曾经的三线建设时期遗留下来的老厂房、老矿区、旧设备记录了一个时代六盘水地区的历史足迹和辉煌，浓缩了一段六盘水工业发展和社会进步的历史。随着新型城镇化进程加速，该场地内三线建设遗产已处于城市郊区区位，没有得到很好的保护与利用，所以成为此次社区更新改造的对象，而因其又为该社区内老一辈三线建设者留下的记忆，所以要防止进行过度"推倒重建式"的开发。经调查可知，场地内的居民多为低收入人群，其经济来源主要为几种，如种植农作物、收集可再生资源，包括塑料制品、废铜烂铁等，同时部分居民为做蔬菜批发生意的外来住户，其他多为城市无业、无劳动能力以及企业失业下岗人员，群体学历不高、劳动技能差、年龄偏大，在劳动力市场上为弱势群体。城中村的环境为他们提供了较为低廉的住房租金等。

五、六盘水城区凤凰街道龙苑社区住区更新设计实践

　　项目背景：龙苑社区辖区面积 65 hm²，地处钟山区政府西侧，凤凰街道中心区。与八一、怡景、兴隆、石龙明湖村、明湖社区、凤苑社区等相邻。路网密集，交通便利。

　　图 3-17 为六盘水凤凰街道龙苑社区生活圈评价展示。

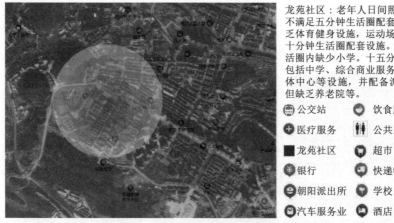

龙苑社区：老年人日间照料中心，不满足五分钟生活圈配套设施，缺乏体育健身设施，运动场所不满足十分钟生活圈配套设施。十分钟生活圈内缺少小学。十五分钟生活圈包括中学、综合商业服务设施、文体中心等设施，并配备派出所等，但缺乏养老院等。

🚌 公交站　　　　🍴 饮食服务
➕ 医疗服务　　　🚻 公共卫生间
⬛ 龙苑社区　　　🛒 超市
🐏 银行　　　　　🚚 快递物流
🚔 朝阳派出所　　🏫 学校
🚗 汽车服务业　　🏨 酒店

图 3-17　六盘水凤凰街道龙苑社区生活圈评价

（资料来源：课程团队整理绘制）

结果表明：在各级生活圈评价中，凤凰街道龙苑社区生活圈分别缺少老年人照料中心、体育健身场所、小学、养老院等生活圈配套服务设施。

六盘水凤凰街道龙苑社区热力图评价如图 3-18 所示。

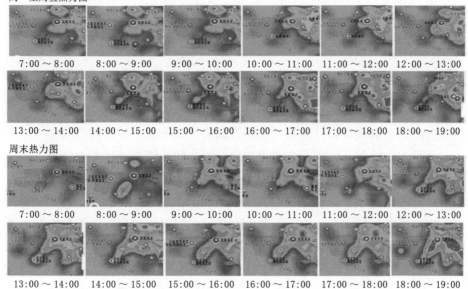

周一至周五热力图

| 7:00～8:00 | 8:00～9:00 | 9:00～10:00 | 10:00～11:00 | 11:00～12:00 | 12:00～13:00 |

| 13:00～14:00 | 14:00～15:00 | 15:00～16:00 | 16:00～17:00 | 17:00～18:00 | 18:00～19:00 |

周末热力图

| 7:00～8:00 | 8:00～9:00 | 9:00～10:00 | 10:00～11:00 | 11:00～12:00 | 12:00～13:00 |

| 13:00～14:00 | 14:00～15:00 | 15:00～16:00 | 16:00～17:00 | 17:00～18:00 | 18:00～19:00 |

图 3-18　六盘水凤凰街道龙苑社区热力图评价

（资料来源：课程团队整理绘制）

结果表明：根据热力图可看出 10 点以后人群主要在水西南路与碧云路交汇处一带活动。周末 11 点以后人群主要在凤凰大道和山城路一带活动，而六点以后凤凰路附近也有大量人群活动。同时，无论是周一至周五还是周末，六盘水市第三中学附近区域人群活动都比较少。

六盘水凤凰街道龙苑社区设施分布评价如图3-19所示。

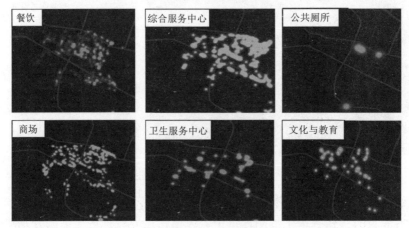

图3-19 六盘水凤凰街道龙苑社区设施分布评价

（资料来源：课程团队整理绘制）

结果表明：龙苑社区餐饮、文化与教育、商场等设施满足居民十五分钟生活圈内的基本要求。但是公共厕所设施分布不均，数量偏少，且距离较远，无法满足居民使用需求。

六、六盘水钟山区玉源社区更新设计实践

项目背景：玉源社区位于六盘水市钟山区凤凰街道，辖区东起青峰路，西至水西路，南接红山社区石龙居委，北临凤凰大道，被这四条城市干道围合，交通十分便利。社区内有党建文化广场、幼儿园、社区养老之家、医疗等设施，配套齐全。玉源社区辖区面积1.3 km²，环境优美，居住舒适，是幸福和谐的新型小区。辖区总户数3 429户，总人口1 1081人，现有网格6个、物业管理公司3个、个体商铺150多家。驻辖区单位有区疾控中心、区妇保站、玉龙水厂、贵州银行、建设银行等。

六盘水钟山区玉源社区总人口11 081人，总户数3 429户，内有老年照料中心、家长学校、未成年活动室、文化活动室、健身活动室、科普宣传室、市民教育室等，还有运动场、活动广场、疾控中心。步行距离300 m内有一个幼儿园和一家超市，步行距离500 m内有一个幼儿园和一些饭馆餐厅，步行距离1 000 m内有大量餐馆和超市、药店、医疗机构、银行、日用五金店等店铺。

问题诊断：社区内的幼儿园服务半径为300 m，位置不合理，不能满足

居民的需求。小学在东南方向，在十五分钟生活圈之外，无法满足玉源社区西北方向居民的生活需求。

六盘水凤凰街道玉源社区建筑层数分析如图 3-20 所示。

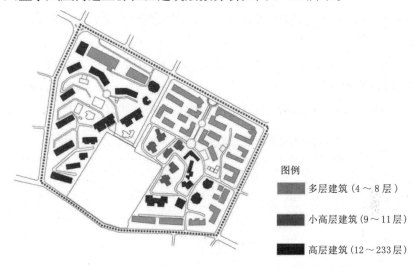

图 3-20　六盘水凤凰街道玉源社区建筑层数分析

（资料来源：课程团队整理绘制）

现状评价：玉源社区内居住建筑大多数以多层建筑为主，西侧主要以高层建筑为主，南侧建筑高度秩序错综混杂，多层建筑夹杂高层建筑，不利于建筑通风采光。

六盘水凤凰街道玉源社区建筑功能分析如图 3-21 所示。

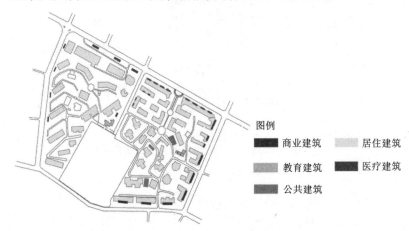

图 3-21　六盘水凤凰街道玉源社区建筑功能分析

（资料来源：课程团队整理绘制）

现状评价如下所述。

居住：大部分居民集中分布在东侧，但内部基础设施薄弱。

商业：主要分布在社区外侧，功能复合、开放性强。

医疗、教育：社区内部含有两所幼儿园，医疗主要分布在周边，服务部分居民。

公共建筑：含居民委员会、售楼中心、运动场，但社区内有围墙相隔，不利于社区管理。

六盘水凤凰街道玉源社区不同年代建筑分析如表 3-3 与图 3-22 所示。

表 3-3　六盘水凤凰街道玉源社区不同年代、层高建筑空间特色

建筑年代	数量	主要层高	空间特色
2000 年	12 幢	6 层	内部空间狭小、采光不足，室外活动空间较大
2008 年	17 幢	7、8 层	内部空间狭小，外部空间单调
2010 年	16 幢	12 层	内部空间扩大，外部空间绿化加强，有一定较私密的活动空间
2012 年	12 幢	18、25、30 层	内部空间丰富、结构趋于合理

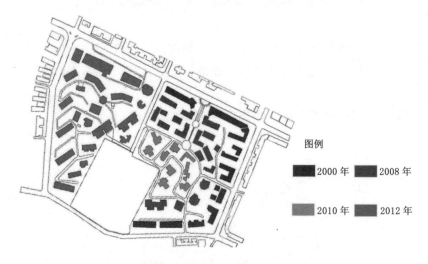

图 3-22　六盘水凤凰街道玉源社区建筑年代分析

（资料来源：课程团队整理绘制）

A 类建筑质量好，适宜居住，平顶、坡顶均有，框架结构、风格统一。

B 类建筑质量良好，适宜居住，平顶、坡顶均有，框架结构、风格统一，高度一致。

C 类建筑质量中等，不影响居住，外立面存在污垢，平顶，外观朴实

（图 3-23）。

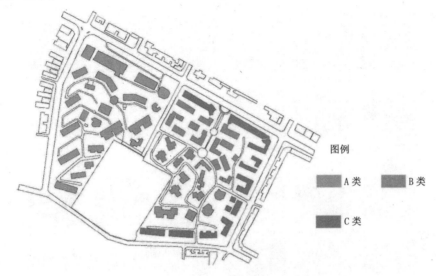

图例

A 类　　　　B 类

C 类

图 3-23　六盘水凤凰街道玉源社区建筑质量分析

（资料来源：课程团队整理绘制）

结果如下所述。

（1）驱车。

30 min：可到达六盘水东站、月照、双水、水城区。

20 min：可到达南客运站、双嘎彝族乡、裕谷站。

10 min：可到达六盘水师范学院、六盘水市政府、六盘水东方医院、凉都体育中心、六盘水动物园、六盘水西客运站、水城站、六盘水四通客运站。

（2）骑行。

30 min：可到达六盘水西客运站、六盘水职业技术学院。

20 min：骑行 20 min 相当于驾车 10 min。

10 min：可到达凉都体育中心、人民广场、六盘水站、六盘水市玉宇中学、第三中学。

（3）步行。

30 min：相当于骑行 10 min。

20 min：可到达六盘水市钟山人民医院 、六盘水市妇幼保健院、钟山区第二实验小学、第十二小学、第十五小学、第二十六中学、六盘水北大培文学校、钟山区全民健身活动中心、万达广场。

10 min：可到达周边相邻的钟山区妇幼保健院、世纪华联生活超市、钟山区政府广场、六盘水自立驾驶培训学校。

六盘水凤凰街道玉源社区热力图分析如图 3-24 所示。

周一至周五热力图

6:00～8:00　8:00～10:00　10:00～12:00　12:00～14:00　14:00～16:00　16:00～18:00

18:00～20:00 20:00～22:00 22:00～24:00

社区周边商业区较多，通常热力分析值较高，邻近公交站的地方是一个人口聚集的爆发点，早上和晚上超市购物活动频率较高，晚间休闲会所人口较密集。

周末热力图

6:00～8:00　8:00～10:00　10:00～12:00　12:00～14:00　14:00～16:00　16:00～18:00

18:00～20:00 20:00～22:00 22:00～24:00

社区周末早间人流量较少，晚间是人流量高频率活动期，周日晚间人流量明显减少。

图 3-24　六盘水凤凰街道玉源社区热力图分析

（资料来源：课程团队整理绘制）

中年核心家庭：三室一厅一厨一卫。

总面积：105.37m²，该套型适合设置于小区较中心位置，方便小孩上下幼儿园或老人步行前往活动中心，该户型合理运用动静分区，小孩在起居室不会吵到卧室人休息，起居室有较大的空间活动（图 3-25）。

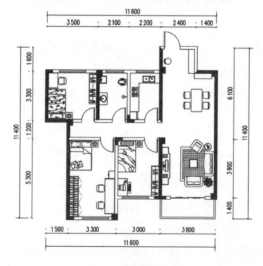

（a）中年核心家庭

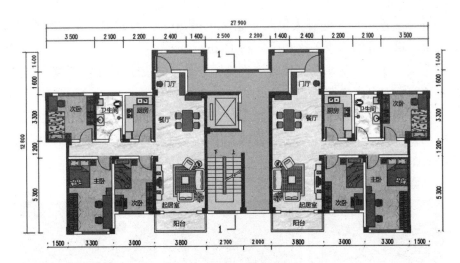

（b）一梯两户户型图

图 3-25　六盘水凤凰街道玉源社区住宅推荐户型

（资料来源：课程团队整理绘制）

七、六盘水建设西路社区更新设计实践

项目背景：建设西路社区是贵州省六盘水市钟山区黄土坡街道下辖的社区，城乡分类代码为 111，为主城区，邻近市医院。

六盘水建设西路社区思维导图如图 3-26 所示。

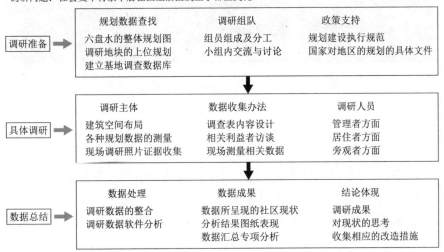

图 3-26　六盘水建设西路社区思维导图

（资料来源：课程团队整理绘制）

外部交通：东北侧有人民路一条主干道 20 m，西北侧与东南侧有两条城市次干道，分别为康乐路和民族路 15 m。

公交交通：六盘水公交经过市直机关办公楼的线路有 2 路、7 路、25 路、凉都 4 路、六盘水 2 路。

内部交通：内部交通属于人车混行，存在安全隐患，部分道路过窄；停车设施分布于城市道路边缘，并且缺少停车设施，大部分车停于自家门前与道路旁，占用公共空间。

六盘水建设西路社区交通可达性分析如图 3-27 所示。

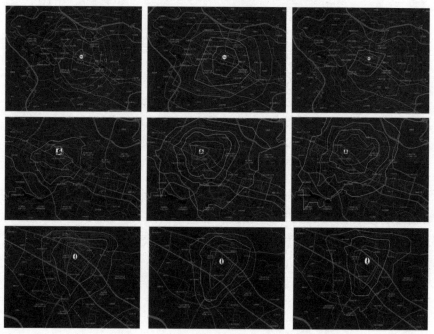

图 3-27　六盘水建设西路社区交通可达性分析

（资料来源：课程团队整理绘制）

结果如下所述。

（1）驱车。

60 min：可到达六盘水第二十二中、六盘水职业技术学院等。

30 min：可到达六盘水四通客运站等。

15 min：可到达六盘水市第三中学。

（2）骑行。

60 min：可到达富丽豪大酒店、公园天下等。

30 min：可到达六盘水政府、六盘水第一实验中学。

15 min：可到达牛黄大山。

（3）步行。

60 min：可到达六盘水市人大。

30 min：可到达六盘水东方医院。

15 min：可到达六盘水市人民医院。

六盘水建设西路社区生活圈评价如图 3-28 所示。

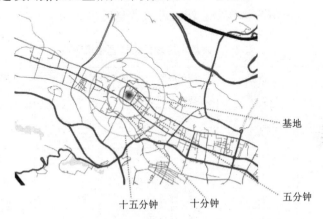

图 3-28　六盘水建设西路社区生活圈评价

（资料来源：课程团队整理绘制）

使用建筑材料：火烧小红砖、混凝土空心砖、石头以及烧制小红砖等建筑材料配合水泥砂浆等黏合剂使用。

建筑户型：主要为一室一厅公卫，此类建筑多为公司宿舍楼，医生家属楼为两室一厅、一室一厅，更多违章建设建筑为一层多室建设。

存在问题：建筑材料老化，墙皮、水泥砂浆黏合剂脱落，墙体因植物、水体等侵蚀质变严重，室内没有配备基本生活设施，排水沟仅 30 cm，排水口仅 10 cm，垃圾堵塞排水口，污水堆积发臭（表 3-4）。

表3-4　六盘水建设西路社区建筑评价

建筑类型	层数	建筑户型	建筑一层高度（m）	使用建筑材料
一般居民	一层	两室一厅	2.85	石砌
	三层	三室一厅	2.8	石砌
	七层	两室一厅	2.9	混凝土小砖
医生家属楼	七层	两室一厅	2.8	混凝土小砖
	七层	一室一厅	2.8	混凝土小砖
公司宿舍楼	四层	一室一厅公卫	2.85	混凝土空心砖
	五层	一室一厅公卫	2.8	混凝土空心砖
	七层	一室一厅公卫	2.8	混凝土空心砖
违建房	一层	三室一厅	3.1	混凝土空心砖
	两层	一室	2.9	混凝土空心砖

人群热力图结果表明：早上人群比较分散，中午人群集中在中心区域附近且流动稳定，晚上人群流动较少，人群分散。人群主要流向为六盘水人民医院与附近购物广场，次流向为附近小吃街与其他地方。

原因：小区内未设置购物中心、医院、小吃街与购物街等，并且小区内未设置公共活动空间，如公园等，以致于人流量在一天中流动较大。应用价值：人流量多，周围酒店旅馆较少。应增设休闲场所、终点休息室，推动小区经济发展，增加经济收益。

八、六盘水钟山区广场社区更新设计实践

项目背景：广场社区位于中心城区人民广场旁，东起麒麟路，西至区府南路，北临钟山中路，南接水城河，交通便利，占据着整个人民广场商圈的有利位置。

六盘水钟山区广场社区生活圈评价如图 3-29 所示。

结果表明：该社区服务半径以广场中学为圆心，则五分钟生活圈缺少老

年活动中心，且幼儿园不满足居民五分钟生活圈服务要求。十分钟生活圈缺乏菜场，不能满足居民日常需求。十五分钟生活圈基本满足医疗、中学、综合商业等服务设施要求。

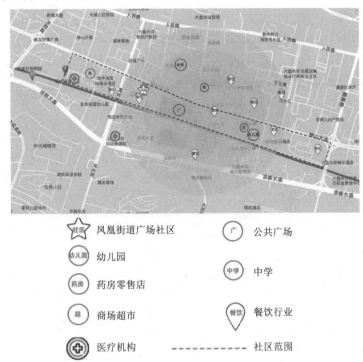

　　　☆社区　凤凰街道广场社区　　　　　广　公共广场

　　　幼儿园　幼儿园　　　　　　　　　　中学　中学

　　　药房　药房零售店　　　　　　　　　餐饮　餐饮行业

　　　超　商场超市

　　　⊕　医疗机构　　　- - - - - - - -　社区范围

图 3-29　六盘水钟山区广场社区生活圈评价

（资料来源：课程团队整理绘制）

六盘水钟山区广场社区生活圈评价如图 3-30 所示。

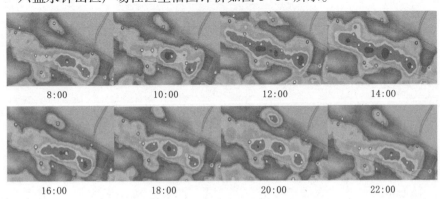

8:00　　　10:00　　　12:00　　　14:00

16:00　　　18:00　　　20:00　　　22:00

图 3-30　六盘水钟山区广场社区生活圈评价

（资料来源：课程团队整理绘制）

结果表明：根据百度热力图可知，人们主要集中在14：00～16：00出行，早晚均较少。集中点为广场北部、钟山大道和龙井路交汇处，以及麒麟路与钟山大道交汇处，这三个均为商业密集场所，且为交通要塞，可在此处安置休息设施。

六盘水钟山区广场社区交通可达性评价如图3-31所示。

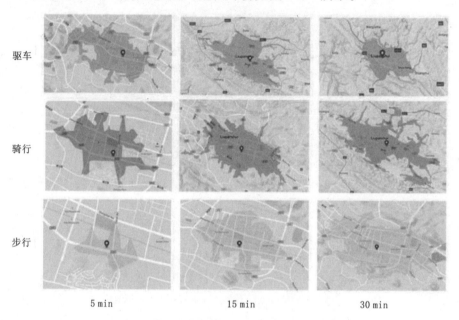

图3-31 六盘水钟山区广场社区交通可达性评价

（资料来源：课程团队整理绘制）

（1）驱车。

30 min：可到达猴场、双水县、水城县、汪家寨、梅花山国际度假公园、月照机场、大湾客运站。

15 min：可到达六盘水南客运站、红桥、大海坝、大河、水城古镇、瑶池。

5 min：可到达六盘水师范学院、麒麟公园、六盘水站、黄土坡。

（2）骑行。

30 min：可到达红桥、德坞、教场、双坝村、六盘水客运南站。

15 min：可到达六盘水师范学院、曹家湾客运站、花渔洞、凤池、焦化山、六盘水站、钟山区人民医院、黄土坡。

5 min：可到达万达广场、盘江水矿总医院、花鸟市场。

（3）步行。

30 min：相当于骑行十五分钟。

15 min：相当于骑行五分钟。

5 min：可到达川心小区、沃尔玛购物广场、锦绣地下商场。

内部道路：社区内部多为网格状巷道，巷道多且窄，而且大多数巷道过窄，不利于机动车通行。周边公交便利社区东靠人民广场，便于市民进行娱乐、休闲等活动。

绿地现状：社区内部绿色空间较少，分配不均匀，同时可利用硬质空间比较充足。地上停车场虽分配较均匀，但数量很少，社区内停车位严重不足，导致车辆占据巷道空间的现象。

结果表明：广场社区内部建筑多为多层和小高层砖混建筑，这些建筑多为 20 世纪七八十年代所建，且有些年久失修，结构外露，而不沿街建筑外立面则破旧且缺乏管理维修，会影响社区整体形象。社区高层建筑基本都是 2000 年以后修建的，质量都比较好。

九、六盘水荷城街道片区城中村住区评价与更新设计实践

项目背景：在我国城市化进程中，职住空间存在严重失衡问题，高收入阶层往往居住在市中心位置，中低收入者徘徊在城市边缘地带，就职地点距离居住空间过远，导致交通成本过高而通勤时间过长，难以享受均等化公共服务，同时存在居民社区认同感不强、社会圈层单一等社会问题。要以六盘水市钟山区荷城街道为研究范围，通过对市民就业—居住空间现状以及人均资源享有情况进行调研，并借鉴先进城市案例研究就业—居住平衡关系与城市用地布局、城市住宅供需情况、交通状况之间的联系，深入分析与六盘水市就业—居住平衡相关一些因素与存在的问题，进而针对存在的问题，提出优化空间方案，力求居民享有均等化公共服务。

以荷城街道片区为空间分析单元，研究范围面积 1 263 hm²，其中城市建设用地面积 950.82 hm²，分析方法：针对职住空间，本项目将社区、村庄当作空间单元进行职住空间模型测度。针对公共服务设施和绿地配置，基于唐子来等人提出的在社会公平理念下公共绿地分布的社会绩效评价方法和社会公平主义视角下公共服务设施配置绩效评价法，运用遥感信息地图数据库，对区域内绿地和服务设施人均服务区位熵综合评价计算，力求居民享有均等化服务。

职住比区位熵（LQi）的计算公式如下：

$$LQi=（Ji/Hi）（G/H）\qquad（3-1）$$

式中，LQ 为 i 空间单元的区位熵，J 为 i 空间单元的就业岗位数量，H 为 i 空间单元的常住人口数量，G 为整个研究范围的就业岗位数量，H 为整个研究范围的常住人口数量。依据六盘水市荷城街道的通勤区范围识别，研究范围内总体上职住平衡。一个空间单元的职住比区位熵接近 1，表明该空间单元的职住比接近研究范围的职住比，这意味着职住较为平衡；一个空间单元的职住比区位熵明显大于或小于 1，表示职住空间失衡。

人均教育资源服务区位熵（LQz）的计算公式如下：

$$LQz=Tds/Pd\qquad（3-2）$$

$$Tqs/Pdw\qquad（3-3）$$

式中，Tds 为空间单元内的居住用地在服务半径范围内可到达的医疗服务用地面积之和，Pdw 为空间单元内的人口数；Tqs 为研究区域内的居住用地在服务半径范围内可到达的服务用地的面积之和。

六盘水荷城街道片区城中村住区现状分析如图 3-32 所示。

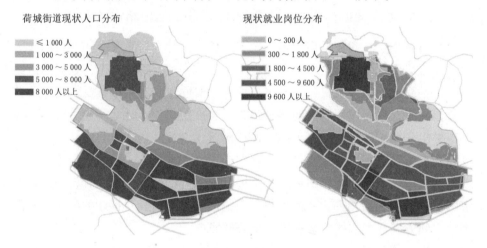

荷城街道现状人口分布

- ≤1 000 人
- 1 000～3 000 人
- 3 000～5 000 人
- 5 000～8 000 人
- 8 000 人以上

现状就业岗位分布

- 0～300 人
- 300～1 800 人
- 1 800～4 500 人
- 4 500～9 600 人
- 9 600 人以上

图 3-32　六盘水荷城街道片区城中村住区现状分析

（资料来源：课程团队整理绘制）

结果表明：从就业岗位分布来看，单中心聚集特征明显，老城区始终为交通吸引的核心。从经普结果来看，结业岗位仍集中分布在核心区，导致居民出行大量集中于旧城区，当缺乏有效的交通疏散时，城市老城区交通压力凸显。

六盘水荷城街道片区城中村住区职住平衡分析如图 3-33 所示。

0 ～ 0.3

0.3 ～ 0.6

0.6 ～ 0.9

0.9 ～ 1.2

1.2 ～ 1.5

图 3-33 六盘水荷城街道片区城中村住区职住平衡分析

（资料来源：课程团队整理绘制）

结果表明：规划图中可以明显看出中心城区人均公共服务区位熵明显高于城市边缘地带，在杨柳社区、麒麟社区人均教育服务区位熵最低。中心城区到达服务设施平均通勤距离为 1 ～ 1.5 km，由于外围服务设施稀少，平均通勤距离在 2 km 以上。

六盘水荷城街道片区城中村住区生活圈绿地空间服务分析如图 3-34所示。

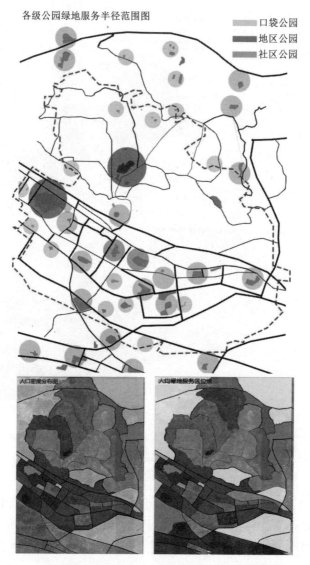

图 3-34　六盘水荷城街道片区城中村住区生活圈绿地空间服务分析

（资料来源：课程团队整理绘制）

结果表明：城市公园绿地是指向公众开放，以游憩为主要功能，兼具生态、景观和应急避险等功能，有一定游憩和服务设施的绿地。研究选取荷城街道区域范围，总面积为 30 km²，接着根据《城市绿地分类标准》（CJJT 85—2017），具体选取该区域范围内的城市公园、地区公园、社区公园与口袋公园共 4 个等级的公园绿地进行绿地系统分析。

结果发现在荷城街道城市中心人均绿地服务区位熵远高于城市边缘地

带，尤其是在杨柳村、三块田村人均绿地服务区位熵最低。

六盘水荷城街道片区城中村住区生活圈公共服务设施优化布局如图 3-35 所示。

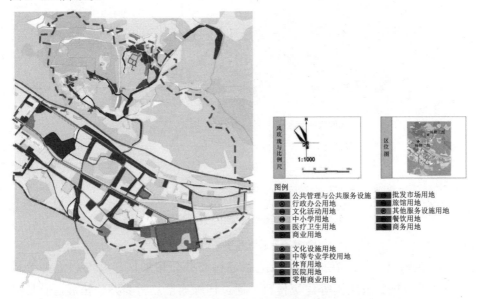

图 3-35 六盘水荷城街道片区城中村住区生活圈公共服务设施优化布局

（资料来源：课程团队整理绘制）

中小学幼儿园布局：除应做到总量上的平衡外，也要进一步提高空间分布的均衡性，要在外围增加教育设施的供应，满足上学需求。在选址上要在人口分布的基础上，从年龄结构角度评估适龄儿童的入学需求和青少年的入学需求。大量的上学通勤可通过步行与自行车解决。

文化娱乐设施：以电影院和图书馆、书店、放映室为例，共抓取荷城街道 POI 数据 15 家，大多分布在中心城区内，而大城市边缘地带享受文化娱乐服务的通勤距离平均为 4.5 km。

医疗卫生服务设施：卫生服务站用地在规划阶段多数与居住配套布局，多分布在城市中心城区居住区内，且规划设计时应综合考虑城市边缘地带医疗卫生服务。

优化策略：针对六盘水市钟山区荷城街道城市边缘地带享有不均等的绿地生态环境服务现状的局面，新增社区公园两处，口袋公园 25 处，共计面积 15.8hm²，以三块田与杨柳村为例，规划调整后，人均绿地服务区位熵值处于中间阶段，能较好享有绿地系统服务。

六盘水荷城街道片区城中村住区新增公共服务设施如图 3-36 所示。

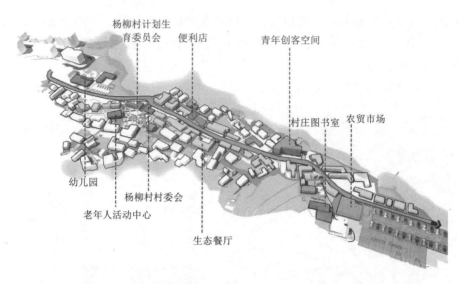

图 3-36　六盘水荷城街道片区城中村住区新增公共服务设施

（资料来源：课程团队整理绘制）

拆除原卫生站，在原宅基地上新建村委办公拓展区，并与村委办公楼统一建筑风格，采用同等建筑材料，通过连廊连接。村委办公拓展区首层办公，二层打造成餐厅（图 3-37）。

图 3-37　六盘水荷城街道片区城中村住区推荐户型与村委会改造

（资料来源：课程团队整理绘制）

十、大田村自然村规划

大田村位于玉舍镇西面，面积 23.69 km²，以彝族、苗族等少数民族为主，辖 6 个村民组，共 972 户 4 209 人。大田村村民主要收入来源为种植和外出务工，全村发展刺梨产业 7 096.14 亩（约 4.754 km²）、山桐子产业 1 150.74 亩（约 0.771 km²）、银杏产业 152.04 亩（约 0.102 km²）、草莓产业 50 亩（约 0.034 km²）（图 3-38）。

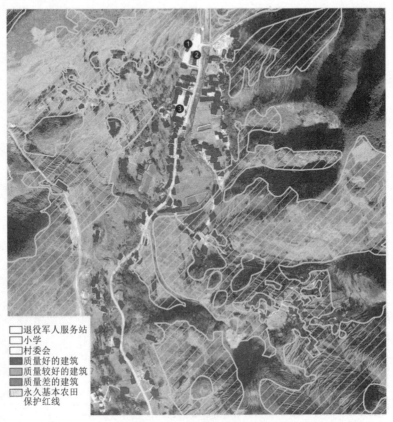

图 3-38　村庄发展格局规划

（数据来源：底图来源于 BIGEMAP）

建筑质量与结构分拆表如表 3-5 所示。

表 3-5　建筑质量与结构分拆表

建筑质量类别	建筑结构类别	建筑基地面积（m²）	比例（%）
好	砖混结构	46 615	90.55
较好	砖木结构	4 070	7.3
差	破旧及简易建筑	1 156	2.15
合计		51 841	100

资料来源：作者自绘。

结论：根据实地调研和入户访谈整理得出玉舍镇大田村的住宅建筑现

状，并将其划分为质量好、较好、差三类，即砖混结构、砖木结构、破旧及简易建筑。其中建筑质量好的宅基地面积为 46 615 m²，较好的宅基地面积为 4 070 m²，差的宅基地面积为 1 156 m²。

对于玉舍镇基本农田数据与历史影像图，利用 ArcGIS 进行影像叠加，可得到玉舍镇各地与永久基本农田的分布关系图。

结论：大田村村庄建设范围被永久基本农田包围，存在 21 户宅基地与永久基本农田差异图斑情况。其中，零散宅基地用地面积 3 581 m²，与基本农田冲突的宅基地面积 7 814 m²，村庄内部闲置地面积为 4 813 m²。大田村自然村属于特色保护类，依托交通与产业基础优势，稳步推进乡村生活环境转型升级，激活产业发展，优化住区环境，完善其余基础设施，保护和保留乡村风格，逐步打造彝族和苗族的文化特色，发展乡村企业（特色农产品加工、养殖）与民族文化特色旅游，打造特色旅游项目，致力于建设特色旅游村。

村庄新增设施分析表如表 3-6 所示。

表 3-6　村庄新增设施分析表

序号	设施类型	设施名称	占地面积 / 数量	备注
1	文体设施	广场	564 m²	新建
2	服务设施	工厂	2 个	新建
		零售商业	3 个	新建
3	给水设施	蓄水池	3 个	新建
4	排水设施	一体化污水处理站	1 个	新建
		生物氧化塘	1 个	新建
5	环卫设施	公共厕所	1 个	新建
		分类垃圾收集箱	6 个	新建

资料来源：作者自绘。

结论：保留并维护原有基础设施，在此基础上新增一体化污水处理站 1 个、生物氧化塘 1 个、公共厕所 1 个、蓄水池 3 个、分类垃圾收集箱 6 个、规划公共绿地 4 888 m²、预留零售商业用地 4 426 m²、预留农产品加工厂用地 2 280 m²、预留宅基地用地 3 470 m²、预留留白用地 4 085 m²。

针对大田村人文与自然环境现状，推荐农村住房户型应该在满足居民生活习惯、民风民俗的基础上满足安全、卫生、通风等住宅要求，另外还要考虑消防和防火要求。

周边村庄配套设施情况分析表如表 3-7 所示。

表 3-7 周边村庄配套设施情况分析表

序号	项目名称	自然村（组）					
		大田村	前进村	兴隆村	青松村	木柯村	新发村
1	教堂						
2	寺庙						
3	名木古树	√		√		√	√
4	村委会	√	√		√		√
5	村民活动中心	√		√	√	√	√
6	中学						
7	小学	√	√				√
8	幼儿园	√	√		√		
9	卫生室（所）	★	√			√	√
10	公墓						
11	文化站	√	★	★	√	√	★
12	广场	√	★	★	√	★	★
13	运动场所	√		★	√	★	
14	养老设施						
15	集中停车	★	★	√	★	√	√
16	高位水池	√	★	√	√	√	
17	污水处理站		★				
18	变压器	√	√	√	√	√	√
19	通信基站	√	√	√	√	√	
20	公厕	√	√			√	√
21	垃圾收集点	√	√	√			
22	微型消防站					√	
23	零售商业	★	√	★			★
24	集中养殖		√	√		√	
25	旅游服务设施	√				★	

资料来源：作者自绘。

注："√"表示已建成，"★"表示正在建设。

在村庄住宅及周边配套设施配置上，保留文化元素与古树名木，解决好雨污分流与垃圾分类问题，根据国家标准设置满足日常生活所需的卫生室、幼儿园、小学等，营造良好的人居环境，提升村民的幸福感与住区安全。

大田村村落住宅民居现状如图 3-39 所示。

（a）大田村村落住宅庭院景观

（b）大田村河道景观 1

（c）大田村河道景观 2

（d）大田村村落住宅民居现状 1

图 3-39

（e）大田村村落住宅民居现状 2

图 3-39　大田村村落住宅民居现状

（资料来源：实地拍摄）

村庄要发展，就要将产业兴旺摆在突出位置。基于玉舍镇大田村之现状与未来产业策划，同时基于提高农产品价值与推广，助力乡村振兴，要将科技特派员技术服务工作中大田村农产品包装设计融入课程实践，促使学生关注社会、心系农村、服务基层、投身乡村振兴，进而增强专业认同感与社会责任感。

十一、小结

对标工程教育认证，基于学校应用型人才培养定位，落实课程目标—教学目标—毕业要求—毕业目标的反向设计与正向施工的，面向成果产出导向的 OBE 人才培养理念，面向职业能力与市场需求匹配，以解决实际工程问题为课程体系与教学体系制定准则。"住区建筑设计"课程旨在培养学生立足六盘水本土，在贵州喀斯特地貌条件下进行城乡住区生活圈评价与住区建筑设计，能够独立或与团队合作解决实际复杂工程问题，尝试运用新技术和工具进行问题探究的能力。本次针对六盘水市城乡住区的 9 个典型代表设计任务驱动，课程团队教师分别从山地住区规划、山地住区建筑设计、山地住区景观规划等方向完成人才培养目标。针对六盘水市住区现状提出切实可行的解决方案和策略，运用空间句法与生活圈定量评价明确六盘水市城乡住区所存在的短板和不足，可为六盘水市"十四五"城乡旧区改造、新型城镇化、乡村振兴战略的具体落实提供参考，进而有助于培养学生关注社会问题、民生问题、教育公平、绿地均等化、职住平衡、城中村弱势群体等社会责任，践行社会主义核心价值观和设计师责任感培养理念，为促进六盘水市高质量发展提供动力和人才储备基础。

第二节　课题实践项目二：遵义市韧性住区调研分析与构建

所在区域：规划区位于岩口社区、桃源洞社区以及新东门社区三个社区。

设计范围：北至健生路，西至中华南路、中华路，东至内环路，南至湘山路，用地面积约 45 hm²。其中，将桃源洞社区与新东门社区围合的 20 hm² 地当作方案设计的启动区。

一、住区生活圈调研与分析评价专题实践

随着全国新冠肺炎的突然暴发，每个城乡住区所承担的重要性不言而喻，基于城市社区建设中的许多不足，社区在治理组织方面的缺陷也显现了出来。因此，当非传统安全问题频繁发生时，怎样通过规划方法有效地预防和控制人口减少对人民生命的威胁以及对经济和社会的危害，是当前亟待解决的关键性问题。通过评价和分析遵义市住区生活圈，可得出区别于工业资源型城市的六盘水市住区建设布局，形成红色文化与韧性住区的综合性规划与建筑设计，具体可运用生活圈与等时圈理念评价遵义市中心城区住区现状问题与策略制定情况。

遵义市红花岗区住区评价指标如图 3-40 所示。

一级指标	二级指标	一级指标	二级指标
购物	商场		商场
	菜市场		中学
	超市	十五分钟生活圈	卫生站
教育	中学		养老院
	小学		图书馆
	幼儿园		少年宫
医疗	药店		公园
	诊所	十分钟生活圈	菜市场
	卫生站		小学
休闲	公园		诊所
养老	养老院		居委会
文化	少年宫	五分钟生活圈	幼儿园
	图书馆		超市
服务	居委会		药店

- 步行时间　5min
- 面积范围　8～18hm²
- 常住人口　0.5万～1.2万人
- 住宅　1 000～5 000套

- 步行时间　10min
- 面积范围　32～50km²
- 常住人口　1.5万～2.5万人
- 住宅　5 000～8 000套

- 步行时间　15min
- 面积范围　130～200km²
- 常住人口　5万～10万人
- 住宅　17 000～32 000套

图3-40　遵义市红花岗区住区评价指标

（资料来源：课程团队整理绘制）

实践基地位于贵州省遵义市红花岗区、遵义城区核心范围内，在整个遵义市中起着承上启下、连接东西的重要作用。交通区位——新华路和万里路是红花岗区最重要的快速通道，"一横一纵"在规划区交汇，形成与外围功能区相联系的整体交通框架。作为多条交通干道交汇的重要交通枢纽区域，规划区对外交通条件极为优越。经济区位——位于主城区中心，周围具有尚品天河购物广场、漫悦里购物广场以及星力城购物中心等多种经济活动的交汇区域，经济效益颇为丰厚。生态区位——紧邻遵义市湘江东侧，是湘江生态景观带向城市内部渗透的第一界面和门户区域。其主要展示遵义历史文化和山水特色，是服务旅游、消费和文化交往的核心地区，规划人口50万人，城市建设用地34 m²。要保护凤凰山、湘江河等山水环境，保护和恢复历史城区传统风貌，打造串联历史文化资源的"长征—三线"记忆之路。要发展国际会展、旅游服务、文化交往功能，打造综合文化功能集聚区。

遵义市红花岗区住区各方面现状如图3-41～图3-44所示。

图 3-41 遵义市红花岗区住区现状

（资料来源：实地拍摄）

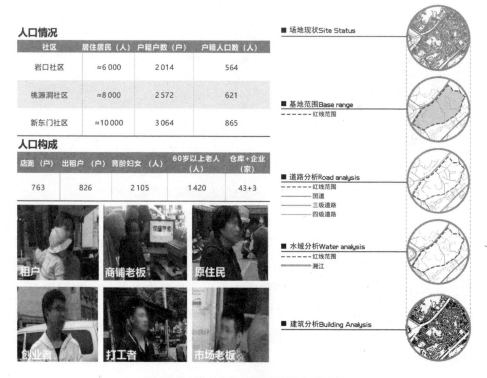

图 3-42 遵义市红花岗区住区人群现状

（资料来源：课程团队整理绘制）

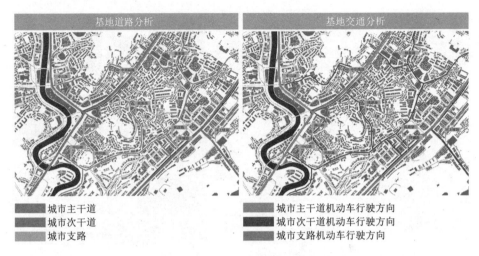

图 3-43　遵义市红花岗区住区交通现状

（资料来源：课程团队整理绘制）

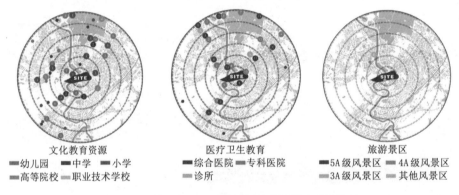

图 3-44　遵义市红花岗区住区生活圈配套资源现状

（资料来源：课程团队整理绘制）

　　结果表明：文化教育资源完善，但设施老旧，公共活动空间不足，综合管理覆盖面不高，管理机制不健全；医疗设施基本集中在北部，南部明显分布不足，是调查中北部居民重点提出需要补充的设施；周围旅游景区资源丰富，但吸引力较差，未能形成良好的特色风貌，应注重整体资源的协调以及高效流动，居民对于公共空间以及运动休闲设施的需求比以往更高。

　　遵义市红花岗区住区生活圈建筑现状分析如图 3-45 所示。

　　结果表明：建筑密度非常高，大多为 50% ～ 75%，旧住宅区或城中村建筑密度达到 66%，公共空间严重缺乏，环境品质较低；建筑面积达 43.8 万 m²

相对一般旧城地本区容积率较高,总体容积率达 1.19,除去中学区块,平均容积率近 2.0。规划区沿城市道路两侧建筑明显高于地块内部;新建建筑高度明显高于老旧建筑;公共建筑多数高于居住建筑。

图 3-45　遵义市红花岗区住区生活圈建筑现状分析

（资料来源：课程团队整理绘制）

结果表明：五分钟生活圈可达性较好的区域集中于基地北侧,西南侧的湘山路和东南侧的内环路可达性较差。可达性好的社区呈集聚分布,且位于小区最密集的地区：桃源洞社区 > 岩口社区 > 新东门社区。十分钟可达性分布和五分钟较为类似,可达性好的大部分位于基地的西北侧并集聚布局。但其中桃源东社区的五分钟可达性较好,但十分钟可达性则一般呈现：新东门社区 > 桃源洞社区 > 岩口社区。十五分钟生活圈可达性显然大于五分钟和十分钟,很少有周围没有任何设施的小区。西北部各个街道的平均可达性普遍较好,东南侧也出现了可达性较高小区聚集的现象,呈现：桃源洞社区 > 新东门社区 > 岩口社区。

遵义市红花岗区住区公共服务设施覆盖现状图如图 3-46 所示。

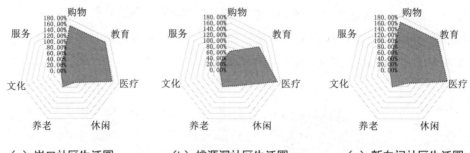

（a）岩口社区生活圈　　　　（b）桃源洞社区生活圈　　　　（c）新东门社区生活圈

图 3-46　遵义市红花岗区住区公共服务设施覆盖现状图

数据结果表明：

（1）岩口社区生活圈现状：教育＞购物＞医疗＞养老＞休闲＞服务＞文化，达标情况最好的是教育、购物设施，其次是医疗设施，相比较差的则是养老、休闲以及服务设施，最差的是文化设施。

（2）桃源洞社区生活圈现状：医疗＞教育＞购物＞养老＞休闲＞服务＞文化，达标情况最好的是医疗、教育设施，其次是购物设施，相比较差的则是养老、休闲以及服务设施，最差的是文化设施。

（3）新东门社区生活圈现状：医疗＞教育＞购物＞养老＞休闲＞服务＞文化，达标情况最好的是医疗、教育设施，其次是购物设施，相比较差的则是养老、休闲以及服务设施，最差的是文化设施。

（4）岩口社区在教育设施方面的达标率最高，超过标准的 61%，其次是购物与医疗方面；桃源洞社区与新东门社区在医疗方面的达标率最高，分别超过标准的 68.3% 与 67%；三个社区在教育、医疗、购物方面均达到相应标准，而在养老、休闲以及服务方面的设施达标率较差，且文化方面的设施最为缺失，也就代表着居民的日常文化需求得不到满足。

（5）三个社区不同类型的公共服务设施达标率严重失衡；医疗、教育与购物这类占地面积较大的硬性设施方面均满足标准，而养老、休闲、服务和文化等人性设施较为欠缺。

根据数据结果分析对标国家标准以及具体实际住区问题和短板、不足，解决设施缺乏问题，以提高设施的覆盖率，满足更多小区生活圈的需求，科学划定选址范围和位置（图 3-47）。

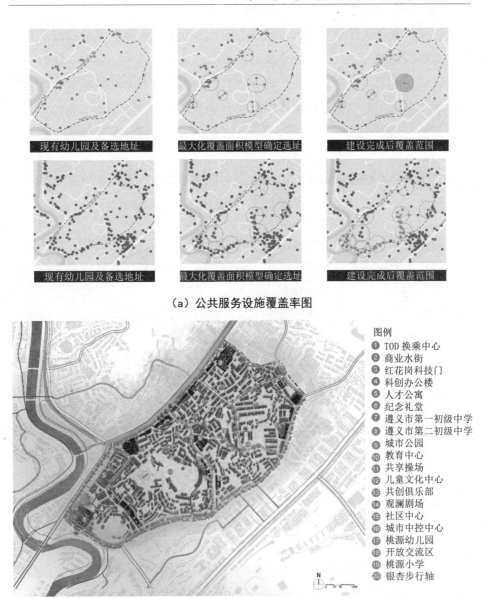

（a）公共服务设施覆盖率图

（b）公共服务设施规划图

图 3-47　遵义市红花岗区住区优化布局

（资料来源：课程团队整理绘制）

二、小结

　　随着新时期居住品质需求的提高，越来越多的居民在住宅安全、便捷、心理安全等基本生活需求之外，对于现行条件下生活圈的等级和配套有了更高的要求，在住区评价与提升工程中，运用大数据的定量数据分析结果和预测，能够较好地将住区生活圈中教育、医疗、商业、休闲、绿地、银行、公交站、老年人照料中心、街区、托幼等合理布置与补充，能够预留建设用地和控制规模，为下一步城市住区更新和人居环境提升提供保障。

第三节　课题实践项目三：贵阳市乌当区住区环境舒适度实验与空间优化

　　研究背景：新型冠状病毒的暴发严重影响了人们正常的生活工作秩序及身心健康，向我国人居环境提出了严峻的挑战。面对新型冠状病毒这种突发性公共卫生事件，应规划该如何提高城市"免疫力"。良好的风环境可降低病毒传播的概率，所以针对城市住区风环境的研究越来越紧迫。CFD 技术应用在于模拟城市模型，CFD 技术可以模拟山体的高度、建筑的高度及建筑密度，计算出各个空间的风速及温度，找到合适的建筑朝向、间距及密度，从而得到适合的建筑空间布局，也进一步为后期城市住区规划和优化打下基础。

　　研究基地位于贵阳市乌当区中心城区，项目占地面积 115hm²，位于乌当区南部，与云岩区相接壤。基地内交通便利，商业资源丰富，但还是存在大量环境质量较差的小区。乌当区属于亚热带湿润性季风气候，具有明显的高原性气候特点，冬无严寒，夏无酷暑，光、热、水同季，垂直气候差异明显，年平均降水量 1 179.8mm 到 1 271mm，年平均气温 23℃，主要灾害性天气有干旱、倒春寒、冰雹、秋季绵雨、秋风、凝冻，同时此地森林覆盖率为 52.13%，拥有良好的气候条件。新星园小区位于乌当区高新技术开发区贵开路段振华广场旁，小区于 2003 年修建，总占地面积为 2 000 m²，总建筑面积 68 000 m²，绿化率30%，建筑结构为钢筋混凝土。振华广场位于乌当区高新技术开发区贵开路段，广场于 2018 年重新修建，占地面积为 41 267 m²，为周边居民提供了休闲场所，是乌当区的名片之一。正德家邦商业中心位于乌当区，是乌当区中心商业区。测量点位于正德家邦综合体西南方向，街道宽度为 15 m，街道两旁建筑为 12～39 m。

　　（1）实验准备。仪器是华谊 PM6252 风速仪，测量风速、风量、温度与湿度。各测量值单位：风速：m/s；风量：cm/s；温度：℃；湿度：%（图 3-48）。

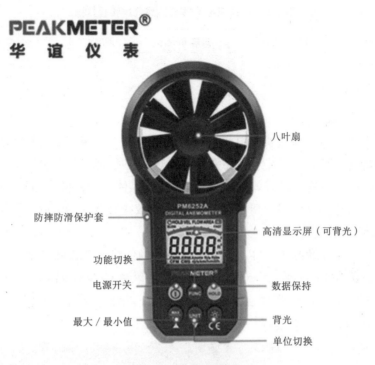

图 3-48　华谊仪表图示

住区风环境评价指标如下所述。

蒲福氏风级（Beaufort wind scal）是当前常用的风环境评价指标，风环境分为 0 ~ 9 个等级，每个等级对环境的影响不同，给人体的感受也不同，由人体高度（1.5 m）风对人舒适度产生的反应来评价风环境是否适宜人体活动，在风速为 1.1 ~ 2.5 m/s 时人体感受最舒适。

风效指数指标评价如下所示。

$$K=-（10V+10.45-V）（33-T）+8.55S \qquad （3-4）$$

式中，V 为地面 1.5m 高度处的平均风速（m/s），T 为平均温度（℃），S 为日均日照时间（h/d）。将相关数据代入公式后算出 K，对照风效指数表格，可得到乌当区人体感受程度。

（2）实验过程。

分析：基于实验过程评价住民在广场、居住小区、商业街的舒适度。根据风速、风量、温度、湿度四个评价指标进行相应的住区空间单元舒适度比对试验，而实验结果可成为住区空间单元要素提升和更新的依据和参考。

（3）数据分析与结论。

2020 年夏秋季住区风环境实验数据如表 3-8 所示。

表 3-8　2020 年夏秋季住区风环境实验数据

地点	风速（m/s）	风量（cm/s）	温度（℃）	湿度（%）
住区广场	1.33	1.33	26.02	64.36
住区内部	0.32	0.32	28.11	71.68
住区商业街	0.84	0.84	26.17	62.94

据上表分析：通过实验过程数据对比得到人在广场感受是舒适度低，风有效指数为 −225.47，人体感受程度是偏热，较舒适；人在居住小区感受是静风，舒适度很差，风有效指数为 −223.75，人体感受程度为偏热，较舒适；人在商业街感受是静风，舒适度很差，风有效指数为 −249.78，人体感受程度为偏热，较舒适。

结论：在夏秋两季人体对风环境的感受为偏热，舒适度一般。

第一，26.77℃ 下 1.5 m 高度的居住小区风速 CFD 模拟（图 3-49）。

分析：小区内部大量风速为 0.1 m/s 以下，小区外部大多数为 0.2 ～ 0.4 m/s，处于人体风环境不舒适的状态。

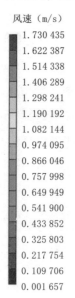
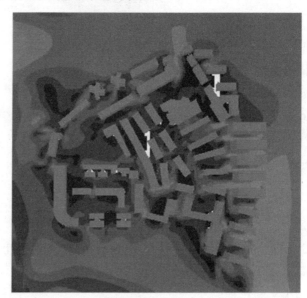

风速（m/s）

```
1.730 435
1.622 387
1.514 338
1.406 289
1.298 241
1.190 192
1.082 144
0.974 095
0.866 046
0.757 998
0.649 949
0.541 900
0.433 852
0.325 803
0.217 754
0.109 706
0.001 657
```

图 3-49　贵阳市乌当区住区风环境 CFD 模拟分析（26.77℃—1.5 m）

（资料来源：课程团队整理绘制）

第二，26.77℃ 下 30 m 高度的居住小区风速模拟图（图 3-50、图 3-51）。

分析：小区内部大量风速在 0.12 ～ 0.38 m/s，有少量地区风速为 0.89 ～ 1.01 m/s；小区外部出现 1.5 ～ 1.6 m/s 的风速，人体舒适度较好。

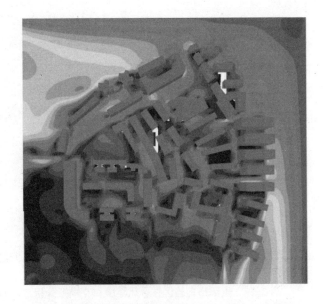

风速（m/s）

2.035 507
1.908 453
1.781 399
1.654 346
1.527 292
1.400 238
1.273 184
1.146 130
1.019 076
0.892 022
0.764 968
0.637 914
0.510 860
0.383 806
0.256 752
0.129 698
0.002 644

图 3-50　贵阳市乌当区住区风环境 CFD 模拟分析（26.77℃—30 m）

（资料来源：课程团队整理绘制）

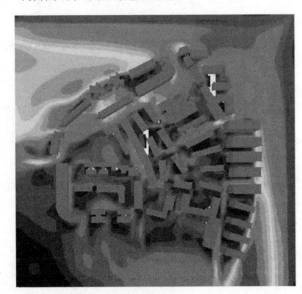

风速（m/s）

1.730 435
1.622 387
1.514 338
1.406 289
1.298 241
1.190 192
1.082 144
0.974 095
0.866 046
0.757 998
0.649 949
0.541 900
0.433 852
0.325 803
0.217 754
0.109 706
0.001 657

图 3-51　贵阳市乌当区住区风环境 CFD 模拟分析（26.77℃—30 m）

（资料来源：课程团队整理绘制）

第三，7.05℃下1.5 m高度的居住小区风速模拟图（图3-52）。

分析：小区内部大量风速在0.02～0.05 m/s，有少量地区风速为0.07～0.10 m/s；小区外部大部分地区为0.10～0.12 m/s的风速，人体舒适度很差。

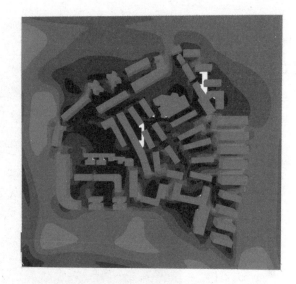

图 3-52　贵阳市乌当区住区风环境 CFD 模拟分析（7.05℃—1.5 m）

（资料来源：课程团队整理绘制）

第四，7.05℃下 39 m 高度的居住小区风速模拟图（图 3-53）。

分析：小区内部大量风速为 0.02 ～ 0.54 m/s，有少量地区风速为 0.18 ～ 0.21 m/s；小区外部出现 0.29 ～ 0.32 m/s 的风速，人体舒适度很差。

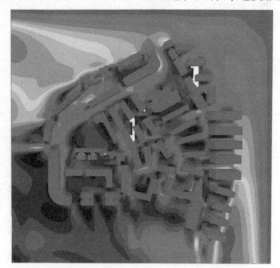

图 3-53　贵阳市乌当区住区风环境 CFD 模拟分析（7.05℃—39 m）

（资料来源：课程团队整理绘制）

第五，7.05℃下 54 m 高度的居住小区风速模拟图（图 3-54）。

分析：小区内部大量风速为 0.03 ～ 0.06 m/s，有少量地区风速为

0.21～0.24 m/s；小区外部出现 0.42～0.45 m/s 的风速，人体舒适度较差。

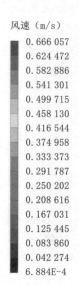
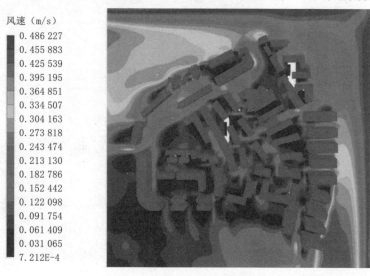

图 3-54　贵阳市乌当区住区风环境 CFD 模拟分析（7.05℃—54 m）

（资料来源：课程团队整理绘制）

　　第六，26.77℃下 1.55 m 高度的商业街风速模拟图（图 3-55）。

　　分析：商业街内部大量风速为 0.04～0.08 m/s，外部出现 0.45～0.49 m/s 的风速，舒适度很差。

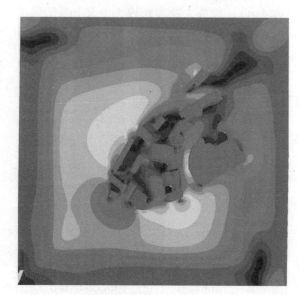

（a）商业街风环境实验 1

图 3-55

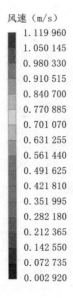
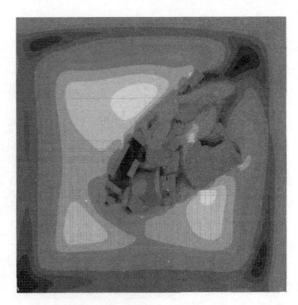

风速（m/s）
1. 119 960
1. 050 145
0. 980 330
0. 910 515
0. 840 700
0. 770 885
0. 701 070
0. 631 255
0. 561 440
0. 491 625
0. 421 810
0. 351 995
0. 282 180
0. 212 365
0. 142 550
0. 072 735
0. 002 920

（b）商业街风环境实验 2

图 3-55　贵阳市乌当区住区商业街风环境 CFD 模拟分析（26.77℃—1.55 m）

（资料来源：课程团队整理绘制）

第七，26.77℃下 27 m 高度的商业街风速模拟图（图 3-56）。

分析：商业街内部大量风速为 0.21 ~ 0.28 m/s，有少量地区风速为 0.07 ~ 0.14 m/s；外部大量为 0.49 ~ 0.56 m/s 的风速，人体舒适度很差。

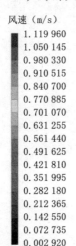
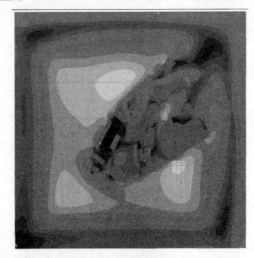

风速（m/s）
1. 119 960
1. 050 145
0. 980 330
0. 910 515
0. 840 700
0. 770 885
0. 701 070
0. 631 255
0. 561 440
0. 491 625
0. 421 810
0. 351 995
0. 282 180
0. 212 365
0. 142 550
0. 072 735
0. 002 920

图 3-56　贵阳市乌当区住区商业街风环境 CFD 模拟分析（26.77℃—27 m）

（资料来源：课程团队整理绘制）

第八，26.77℃下 39 m 高度的商业街风速模拟图（图 3-57）。

分析：商业街内部大量风速为 0.12 ～ 0.18 m/s，外部出现 0.68 ～ 0.75 m/s 的风速，舒适度很差。

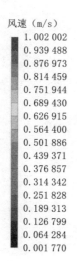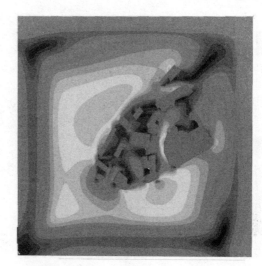

图 3-57 贵阳市乌当区住区商业街风环境 CFD 模拟分析（26.77℃—39 m）

（资料来源：课程团队整理绘制）

第九，7.05℃ 下 1.5 m 高度的商业街风速模拟图（图 3-58）。

分析：商业街内部大量风速为 0.12 ～ 0.18 m/s，外部出现 0.33 ～ 0.37 m/s 的风速，舒适度较低。

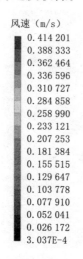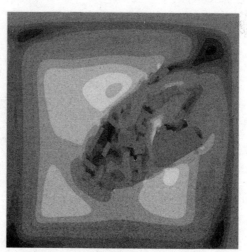

图 3-58 贵阳市乌当区住区商业街风环境 CFD 模拟分析（7.05℃—1.5 m）

（资料来源：课程团队整理绘制）

第十，7.05℃ 下 27 m 高度的商业街风速模拟图（图 3-59）。

分析：商业街内部大量风速为 0.03 ～ 0.07 m/s，外部出现 0.38 ～ 0.42 m/s 的风速，舒适度较低。

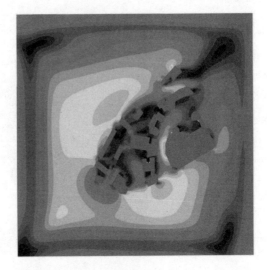

风速（m/s）
0.614 510
0.576 198
0.537 886
0.499 574
0.461 262
0.422 950
0.384 638
0.346 326
0.308 014
0.269 702
0.231 390
0.193 078
0.154 766
0.116 454
0.078 142
0.039 830
0.001 518

图 3-59　贵阳市乌当区住区商业街风环境 CFD 模拟分析（7.05℃—27 m）

（资料来源：课程团队整理绘制）

第十一，7.05℃ 下 39 m 高度的商业街风速模拟图（图 3-60）。

分析：商业街内部大量风速为 0.08 ～ 0.12 m/s，外部出现 0.41 ～ 0.45 m/s 的风速，舒适度较低。

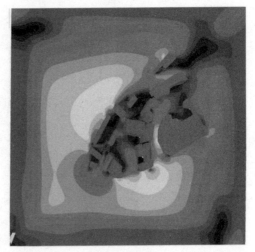

风速（m/s）
0.666 057
0.624 472
0.582 886
0.541 301
0.499 715
0.458 130
0.416 544
0.374 958
0.333 373
0.291 787
0.250 202
0.208 616
0.167 031
0.125 445
0.083 860
0.042 274
6.884E-4

图 3-60　贵阳市乌当区住区商业街风环境 CFD 模拟分析（7.05℃—39 m）

（资料来源：课程团队整理绘制）

（4）优化策略布局。

优化策略布局如图 3-61 所示。

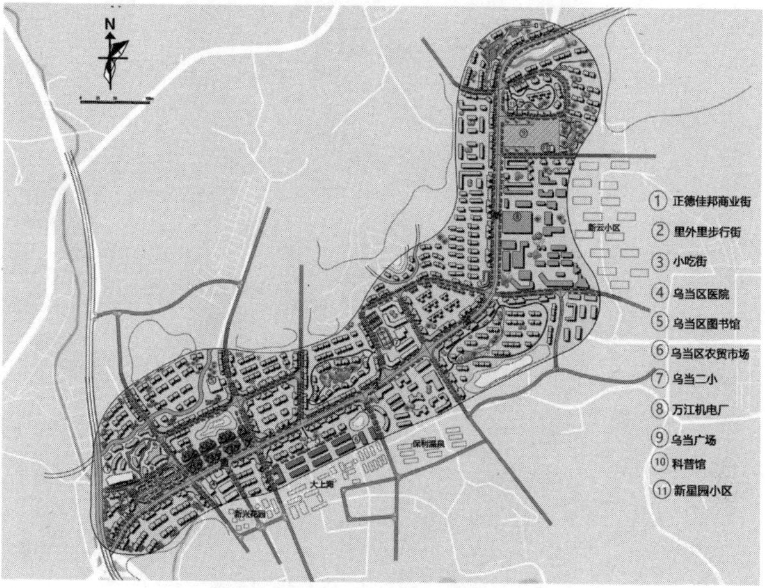

①正德佳邦商业街
②里外里步行街
③小吃街
④乌当区医院
⑤乌当区图书馆
⑥乌当区农贸市场
⑦乌当二小
⑧万江机电厂
⑨乌当广场
⑩科普馆
⑪新星园小区

图 3-61　优化策略布局图示

（5）小结。

第一，风环境研究中还有很多困难。在本课题的研究中，将高度当作自变量，将温度固定，将风速当作变量，观察不同高度下风速的变化，得出最适宜的风速。

第二，通过对风环境的研究得到最适宜人体的风速为 1.1～2.5 m/s。

第三，针对乌当区风环境设计优化策略的提出，规划设计模块需进行整合和优化，包括空间结构优化、功能模块优化、建筑形态优化及乌当区城市肌理格局优化。

第四，运用 CFD 技术对住区环境质量和人体舒适度进行评价和数据分析，构建适合贵州住区的空间布局与建筑形态和功能。

第四章　教学评价与学习效果

第一节　成绩评定方法与标准

学生通过本课程的学习取得了一定的学习成果，在专业知识层面、学习方法、应用能力、解决科学问题、沟通协作等方面都有了很大的提高，主要有课程平时作业、期末作业、科研项目申报、毕业论文选题及设计竞赛等成果；课程内成果主要为三次平时作业，三次平时作业是对理论课程的巩固及应用，所编制的题目大多贴近讲授难点及重点，同时设置题目情境能够和贵州山地城市与六盘水地区住区以及贵州"四新""四化"相结合，具有较强的应用性和实践性。课程内成果主要针对课程大纲目标进行设置，而其他成果则能反映学生是否真正能够将课程思维应用到科研、竞赛、论文研究中去。目前，课内成果主要有完成注册规划师考试真题、考研真题、规划院招聘真题等，班级学生根据所学住区知识，成功申报 2021 年贵州省大学生创新训练课题立项 1 项，较多学生表示毕业设计选题将以住区为方向；阶段性成果为学生，将选取六盘水城区 9 个社区进行调研与生活圈短板整理和汇总，成果完成后将为六盘水城区城市更新、住区更新、住区生活圈优化提供基础支撑，为六盘水市新型城镇化高质量发展提供一定参考。

对学生的课程平时成绩公开公平且透明地进行了考核，在期末也进行了公告公示，公示结束后学生对此没有任何异议。40% 的平时成绩由超星学习通通过学生参与活动的积极性进行自动记录，这些记录结果至今能够很好地保存在系统中，具有较强的便捷性。期末考试采用考查的形式，任务要求为六盘水市城乡住区调研、数据整理、分析评价、住区更新与规划提升等综合设计方案与说明书撰写。为了避免任课教师对学生的主观态度影响，采用至少五人制评分后取平均值的方法（任课教师回避，不参与评分，其余参评教师盲评），以保证评分的客观公正。

本课程为一个教学行政班，运行周期为 6 年，分别从 2014 级风景园林至 2019 级风景园林专业中选择风景园林建筑方向学生。成绩考核方式最大的优点就是学生除期末住区设计方案综合成绩外，平时成绩的多少完全由自已主动学习和积极参与活动获得，任课教师只公布平时成绩的获得办法，不直接参与学生平时成绩的评定，避免了任课教师的主观态度影响。例如，综合表现成绩（包括视频回看、章节测试、学习次数、讨论、课堂互动）均记录在超星学习通上，这两块成绩占平时成绩总和的 40%，教师和学生在本学期都可看到其考勤与综合表现成绩，真正达到了实时公布成绩的目的；且成绩由学习通系统记录，能够保证完全的公平公正。在评分标准的制作上，包括和住区相关的国家注册考试真题与考研真题以及规划院招聘真题都有相应的标准答案，能够对学生进行定量与定性结合的综合的评价。实践课程作业作为平时成绩，能够有效保证学生对实践课程设计的重视，教师将三次平时作业改完后及时反馈给风景园林学生，并在课堂上进行答案逐条分析。在平时成绩的最终确定阶段，新增加了平时成绩公示环节，主要是因为平时成绩已经相当公开透明化，各计分办法及依据都已在第一堂课公布，而学生几乎可在学期内实时计算得出自己的最后平时成绩。因此，不论在程序上还是在考核标准上，对学生的平时成绩进行公示，都有助于今后在课程考核过程中不断完善考核的公平公正性。课程考核方式分为过程性考核（平时考核）和课终考核（期末考核）。过程考核（平时考核）方式包括课堂表现、平时作业、阶段性设计图纸、住区建筑设计方案图纸等；课终考核（期末考核）采用课程设计方案考查的方式。课程考核通对风景园林专业学生学习质量评价诊断 → 问题导向住区建筑设计教学的设计与实践，体现 OBE 成果导向，结合六盘水地区新型城镇化老旧社区改造与乡村振兴示范区建设相关教学项目融合的教学活动和课题实施。最终总成绩为过程性考核的 40% 和终结性考核的 60% 之和。

下面介绍平时测验考核的内容。

考核项目（一）设置：六盘水市居住区生活圈规划。

考核设计图纸内容：设计说明；总规划图［建筑布局、道路布局、日照、消防（消防登高面）、防火］；经济技术指标［容积率、建筑密度、平均层数、绿地率、停车位（地上地下）］、公共服务配套设施。

考核项目（二）设置：六盘水住区建筑套型空间设计。

考核设计图纸内容：设计说明；套型设计；剖立面。

考核项目（三）设置：六盘水住区新中式建筑及景观设计。

考核设计图纸内容：设计说明；新中式住区建筑风貌设计；新中式住区景观风貌设计。

综合考核的内容在此一并进行说明：

（1）六盘水市所调研社区空间生活圈数据评价与短板优化，有助于六盘水市高质量发展。

（2）西南山地城乡住区工程评价与规划。

（3）完成常见的规划文件编制工作。比如，规划文本、规划分析、规划平面图设计、建筑套型设计和建筑效果图。

（4）成果深度：居住区规划（指标、建筑、景观）。

第二节　学习效果

课程信息："住区建筑设计"。

分析班级：默认班级。

任课教师：杨尊尊。

教师团队：朱雄斌、肖波、卢翌、杨学红。

课程成绩综合情况统计：如表4-1和表4-2所示。

表4-1　课程成绩综合情况统计表

班级名称	默认班级
学生数	36
0～60分	1
60～70分	1
70～80分	6
80～90分	9
90～100分	19
最高分	96.75
最低分	46.80
平均分	86.28
标准差	10.53
方差	110.92
及格率（%）	97.22
优良率（%）	77.78

表 4-2 本科生学习成绩和效果

学生姓名	学号/工号	学校	院系	专业	班级	任务完成数	任务点完成百分比（%）	视频观看时长（min）	讨论数	章节学习次数	学习情况
安嘉	194011021001	六盘水师范学院	土木与规划学院	风景园林	2019级	3/10	30	0	32	214	已学习
白广先	194011021002	六盘水师范学院	土木与规划学院	风景园林	2019级	9/10	90	0	30	227	已学习
陈斌	194011021004	六盘水师范学院	土木与规划学院	风景园林	2019级	9/10	90	0	46	248	已学习
陈梦琴	194011021006	六盘水师范学院	土木与规划学院	风景园林	2019级	9/10	90	0	40	204	已学习
冯光宝	194011021007	六盘水师范学院	土木与规划学院	风景园林	2019级	9/10	90	0	2	66	已学习
侯晓凡	194011021009	六盘水师范学院	土木与规划学院	风景园林	2019级	9/10	90	0	51	90	已学习
胡骥颖	194011021010	六盘水师范学院	土木与规划学院	风景园林	2019级	9/10	90	0	33	173	已学习
金银银	194011021012	六盘水师范学院	土木与规划学院	风景园林	2019级	6/10	60	0	24	238	已学习
靳天韵	194011021013	六盘水师范学院	土木与规划学院	风景园林	2019级	9/10	90	0	41	142	已学习
雷堂生	194011021014	六盘水师范学院	土木与规划学院	风景园林	2019级	9/10	90	0	26	162	已学习
李蝶	194011021015	六盘水师范学院	土木与规划学院	风景园林	2019级	9/10	90	0	28	141	已学习
李雨洋	194011021018	六盘水师范学院	土木与规划学院	风景园林	2019级	9/10	90	0	28	146	已学习
刘莉洁	194011021020	六盘水师范学院	土木与规划学院	风景园林	2019级	5/10	50	0	3	100	已学习
龙莎	194011021021	六盘水师范学院	土木与规划学院	风景园林	2019级	9/10	90	0	47	119	已学习
罗涛	194011021022	六盘水师范学院	土木与规划学院	风景园林	2019级	9/10	90	0	2	183	已学习
马敏丽	194011021024	六盘水师范学院	土木与规划学院	风景园林	2019级	9/10	90	0	42	274	已学习
倪德威	194011021026	六盘水师范学院	土木与规划学院	风景园林	2019级	9/10	90	0	15	147	已学习
彭姗	194011021029	六盘水师范学院	土木与规划学院	风景园林	2019级	9/10	90	0	83	253	已学习
钱晓茂	194011021030	六盘水师范学院	土木与规划学院	风景园林	2019级	9/10	90	0	81	217	已学习
秦姗	194011021031	六盘水师范学院	土木与规划学院	风景园林	2019级	4/10	40	0	34	148	已学习
石先引	194011021032	六盘水师范学院	土木与规划学院	风景园林	2019级	0/10	0	0	2	41	已学习

续表

学生姓名	学号/工号	学校	院系	专业	班级	任务完成数	任务点完成百分比（%）	视频观看时长（min）	讨论数	章节学习次数	学习情况
田文学	194011021034	六盘水师范学院	土木与规划学院	风景园林	2019级	9/10	90	0	35	143	已学习
王丽晶	194011021037	六盘水师范学院	土木与规划学院	风景园林	2019级	9/10	90	0	19	242	已学习
韦艳媚	194011021038	六盘水师范学院	土木与规划学院	风景园林	2019级	9/10	90	0	39	99	已学习
吴燕飞	194011021040	六盘水师范学院	土木与规划学院	风景园林	2019级	9/10	90	0	36	184	已学习
向和平	194011021042	六盘水师范学院	土木与规划学院	风景园林	2019级	9/10	90	0	24	406	已学习
熊芳	194011021043	六盘水师范学院	土木与规划学院	风景园林	2019级	9/10	90	0	36	165	已学习
叶周	194011021045	六盘水师范学院	土木与规划学院	风景园林	2019级	2/10	20	0	40	54	已学习
袁礼凤	194011021046	六盘水师范学院	土木与规划学院	风景园林	2019级	9/10	90	0	37	143	已学习
张春兰	194011021047	六盘水师范学院	土木与规划学院	风景园林	2019级	9/10	90	0	56	137	已学习
张佳	194011021049	六盘水师范学院	土木与规划学院	风景园林	2019级	3/10	30	0	32	200	已学习
张娟娟	194011021050	六盘水师范学院	土木与规划学院	风景园林	2019级	3/10	30	0	50	212	已学习
周婵	194011021053	六盘水师范学院	土木与规划学院	风景园林	2019级	9/10	90	0	31	156	已学习
朱广琴	194011021054	六盘水师范学院	土木与规划学院	风景园林	2019级	9/10	90	0	10	197	已学习
朱练	194011021055	六盘水师范学院	土木与规划学院	风景园林	2019级	3/10	30	0	18	150	已学习
邹玉杰	194011021059	六盘水师范学院	土木与规划学院	风景园林	2019级	9/10	90	0	14	91	已学习

资料来源：超星学习通平台。

本章小结

通过超星学习通统计，大多数同学能够通过完成课程任务获得相对应的有效成绩，但有部分同学自主学习能力有待提高，设计的图纸不能够达到任务要求。学习通部分按照40%计入成绩，根据数据计算可得平均分为86.28，方差为110.92，及格率为97.22%，优良率为77.78%。目标达成度符合教学要求，学生学习兴趣度较好，能够主动进行团队合作与沟通，从教学研究中可以得出课程任务和设计项目应该多以实际项目为切入，并且要结合学生OBE产出导向和职业能力与就业方向，规划设计院就职与研究生考试为绝大部分学生的输出端口，在项目任务驱动中多以产出导向为定位和标准，有利于教学目标的实现。

第五章　教学创新与社会服务
　　　　实践路径研究

第一节　大学生创新创业实践训练

一、创新创业实践训练（一）

城乡融合视域下六枝特区易地扶贫搬迁社区人居环境调查与优化路径研究（贵州省创新训练课题立项）。

（一）项目简介

易地扶贫搬迁是我国扶贫政策的重要组成部分。六盘水市以创建"活力社区、和谐社区"为载体，全力推进基本公共服务、培训和就业服务、文化服务、社区治理、基层党建"五个体系"建设，完成了 78 个易地扶贫搬迁安置点。基于此，项目团队提出了城乡融合视域下六枝特区易地扶贫搬迁社区人居环境调查与优化路径研究课题。

（二）研究的方法

（1）文献整理分析。广泛阅读六枝特区易地扶贫搬迁相关论文，了解国家发布的有关易地扶贫搬迁的政策，在相关理论基础上深入研究课题。

（2）资料搜集与统计分析。对六枝特区易地扶贫搬迁社区的规划布局、容积率和绿化率等相关数据进行统计分析。

（3）软件模拟与分析。收集易地扶贫搬迁现状相关数据，利用 SPSS 软件进行数据分析以及可视化分析，得出一定结论。在调查过程中发现易地扶贫搬迁社区里存在的问题并提出有效的解决方法。

（三）研究目的

（1）提升六枝特区搬迁社区人居生活质量，改善社区人居环境。

（2）全面完善居民社会保障，提升搬迁居民对于易地搬迁环境的认同感。

（3）解决搬迁居民就业问题，激发生活动力，提高居民生活质量。创造互动机会，促进社区居民融合。

（四）研究内容

课题主要研究六枝特区易地扶贫搬迁社区的基础设施、教育医疗、经济状况、社会关系、结构融合以及社区人居环境优化与评价。

1. 人居环境评价与优化

深入了解社区居民的工作劳动环境、生活居住环境、休息娱乐环境和社会交往环境，研究社会生产力发展引起的生存方式不断变化所带来的影响。

2. 社区基础设施的配置及问题

研究社区内水电供应便利性，是否经常出现停电停水的情况，安置点房屋是否引入天然气燃料，社区居民对相关基础设施的适应程度，社区居民对用水质量表的接受程度，从山间井水到付费自来水的变化给六枝特区易地扶贫搬迁社区居民带来的影响，以及社区周边公共交通设施设置能否满足社区居民基本需求等。

3. 社区周边教育医疗基础条件及相关问题

随着经济能力的提升和思想的变化，当下人们对教育条件和医疗条件的要求都有了相当程度的提高，对于周边相关的配置较为看重。因此，研究六枝特区易地扶贫搬迁社区周围的教育医疗条件是否能很好地服务于社区居民至关重要。社区居民经济现状及开支增大所带来的问题，如水电费、燃气费、日用品的购入增多以及原本可以自给自足的各类农产品搬迁后都需要购买等。社区居民的经济收入来源与收入稳定性、家庭具有劳动能力的人口、收入与支出比重等都影响着社区居民的生活水平。

4. 社区居民社会关系的处理与问题

六枝特区易地扶贫搬迁采用集中安置的方式，搬迁群体必然需要建立新的社会关系，社区居民间的沟通交流与社会交往是一个不可忽视的问题，因文化习俗以及生活习惯的差异一定程度上会导致居民间产生矛盾。因此，研究怎样加强社区居民间的友好交流，从而建立起稳定的社会关系至关重要。

（五）拟解决的问题

（1）六枝特区易地扶贫搬迁社区景观分区明确。

（2）搬迁后社区人群对新环境基础服务设施需求愿望。

（3）"基础服务设施"的配套完善及布置。

（4）六枝特区易地搬迁社区"人居环境"满意度评价。

学生通过实地调研和考察（图5-1、图5-2）将住区规划与建筑设计理论知识应用于解决实际问题，将理论体系迁移为高阶知识运用，在这个过程中，掌握了确立科学问题、设计和制订评价方法、分析结果与得出结论的逻辑思维能力。

图5-1 本科生实地调研和实践1

（资料来源：实地拍摄）

图 5-2 本科生实地调研和实践 2

（资料来源：实地拍摄）

二、创新创业实践训练（二）

后疫情时代背景下社区五分钟生活圈公共空间韧性评价研究——以六盘水市钟山区鱼塘社区为例（贵州省创新训练课题立项）。

（一）实践研究内容

（1）以六盘水钟山区鱼塘社区为主要实践研究案例，研究后疫情时代有关五分钟生活圈及公共空间韧性评价。

（2）根据实地调查，对六盘水钟山区鱼塘社区进行分析研究，包括以下方面：健康影响评估；由节点—应急流动构成的韧性公共空间体系；公共设施的空间通用性和稳健性；社区与五分钟生活圈的契合度调查。最后，分析并找出其存在或潜在的问题。

（3）通过问卷调查和走访等方式了解居民对社区五分钟生活圈及公共空间韧性应用评价及建议。

（4）城市社区的建设公共空间韧性具有重要意义，根据社区宏观角度和居民诉求进行分析，并为社区中存在的问题提出有关的创新方案。

（二）实践研究创新

（1）后疫情时代背景下研究居民对五分钟生活圈的公共空间韧性评价，从而体现空间韧性在建筑设计规划中的重要作用；以全方位、多生态的设计思路研究公共空间韧性与可持续发展的必要联系。

（2）通过居民对公共空间结构、生活可达性、应急能力的调查数据分析，得出公共空间韧性度，基于此判断社区结构设计是否合理，以及公共服务设施是否符合规范要求。

（3）小组成员学习五分钟山地住区生活圈相关知识，能够有效、快速地掌握研究内容，推进项目深入发展。

三、创新创业实践训练（三）

中国风景园林学会主办广州园林博览会——学生设计竞赛。

学生运用建筑学、风景园林学、生态学、城乡规划学、艺术学等多个学科交叉融合补充课堂延伸创新训练。通过竞赛，学生提高了专业知识综合运用与解决设计问题的创新能力，取得了较好的学习成效，课程团队设计竞赛获奖证书如图5-3所示。

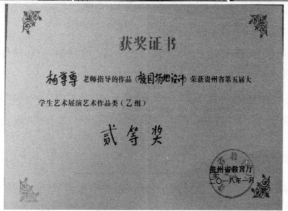

图 5-3 课程团队设计竞赛获奖证书

（资料来源：获奖证书电子版）

第二节　贵州省科技特派员乡村振兴社会服务实践

　　课程团队教师与学生组成乡村振兴社会服务团队，基于贵州省乡村安全与人居环境研究中心平台、乡村复兴规划设计团队平台，分别开展了相应的科技社会服务工作，完成了全国第一次自然灾害与风险普查，六枝特区木岗镇夏陇塘村乡村振兴住区环境提升工程项目，六盘水市玉舍镇村域生态安全评价与大田村自然村建筑风貌与景观提升工程。课程团队成员卢塑老师正在进行六盘水市水城区玉舍镇前进村乡村规划工程横向项目，课程团队完成六盘水市钟山区小康菜园乡村振兴人居环境提升项目，且肖波老师、杨尊尊老师获得2021

年度省级优秀科技特派员称号。风景园林专业、城乡规划专业、土木工程专业为乡村振兴与新型城镇化主力军，人才培养更加应该基于跨学科专业交叉融合和产、学、研、用协同发展，以促进地方应用型高校产教融合。

在建筑类专业人才培养中，坚持导师制、订单式培养，学生＋指导教师＋工程项目驱动，形成了"第一课堂（理论讲授）＋第二课堂（设计实践）＋第三课堂（实际工程项目）"联动的人才培育机制，促使学生与教师共同成长，教学相长机制逐步形成。相关项目记录及成果如图5-4～图5-8所示。

图5-4　课程团队成员指导六盘水市钟山区保华镇海螺村"小康菜园"乡村住区建设

（资料来源：现场拍摄）

观摩保华镇海螺村"小康菜园"示范点。孔盘龙 摄

秦明农业产业高质量发展新乐章——全市农业产业推进会引发热烈反响

微凉都 11月4日

点击 微凉都 ,关注我们吧

11月4日,时值秋收各种的大好时节,全市农业产业发展推进会如期举行,市领导和各级各部门主要负责同志组成观摩组,奔赴各农业示范点进行现场观摩,围绕如何开展好新一轮的秋冬种、如何进一步推进"千家万户小康菜园"建设、如何突出特色做优农业品牌、如何巩固脱贫成果接续乡村振兴等主题,学习先进做法,交流成功经验。

大会反响热烈,与会人员纷纷表示,将深入贯彻落实好此次会议精神,把现场观摩的收获及经验做法运用到具体工作中,进一步理清思路,找准重点,增强动力,推动全市农业产业高质量发展。

"此次会议充分体现了市委、市政府对'三农'工作的重视,为农业产业的蓬勃发展再次确定了目标、指明了方向。"市农业开发投资有限责任公司董事长胡光汝表示,将坚定信心决心,进一步总结经验,强化技术指导服务,实现猕猴桃、早春茶等特色产业提质增效;强化品牌意识,将产品包装设计、质量标准、品牌策划、营销服务结合起来,提升品牌影响力,在企业做大做强的同时,带动更多群众致富增收。

观摩保华镇海螺村"小康菜园"示范点。孔盘龙 摄

图 5-5　六盘水市钟山区保华镇海螺村"小康菜园"乡村住区建设示范观摩点

（资料来源：微凉都公众号网站）

图 5-6　全国第一次自然灾害风险普查水城区社会服务

（资料来源：现场拍摄/水城新闻电视台）

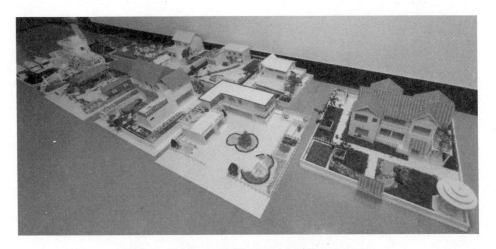

图 5-7　六盘水市水城区玉舍镇农村住宅建筑设计

（资料来源：作品实物拍摄）

图 5-8　六盘水市水城区玉舍镇少数民族文创产品

（资料来源：作品实物拍摄）

本章小结

在产教融合的背景之下，教学研究与六盘水本土乡村振兴、新型城镇化战略相对应，加强了专业建设与课程建设的应用性，总结了科学问题以及待解决的工程问题，真正意义上将风景园林专业、城乡规划专业、土木工程专业本科生未来所从事的专业领域与工程项目类型真实情境与地方需求融合起来，使本科生通过多种形式的专业学习与实践，拓宽了视野和专业领域，了解了科学严谨的工作态度的重要意义，感知到了乡村振兴与新型城镇化对地方发展和提升的重要战略意义，提升了学生的专业自信心与社会责任感，也达到了项目育人的教学初衷。

参考文献

[1] 杨雅婷.抗震防灾视角下城市韧性社区评价体系及优化策略研究 [D].北京：北京工业大学，2016.

[2] 崔鹏，李德智，陈红霞，等.社区韧性研究述评与展望：概念、维度和评价 [J].现代城市研究，2018（11）：119-125.

[3] 申佳可，王云才.基于韧性特征的城市社区规划与设计框架 [J].风景园林，2017（3）：98-106.

[4] 孙立，田丽.基于韧性特征的城市老旧社区空间韧性提升策略 [J].北京规划建设，2019（6）：109-113.

[5] 邢晓旭，马嘉佑，孟悦，等.基于生活圈的社区规划决策支持平台构建 [C]//中国城市规划学会城市规划新技术应用学术委员会.智慧规划·生态人居·品质空间——2019 年中国城市规划信息化年会论文集.北京：《规划师》杂志社，2019：188-194.

[6] 柴彦威，张雪，孙道胜.基于时空间行为的城市生活圈规划研究——以北京市为例 [J].城市规划学刊，2015（3）：61-69.

[7] 徐莎莎.老旧小区改造项目绩效评价体系的研究 [D].杭州：浙江大学，2016.

[8] 费丽娜，方源敏，吴晓明.基于 GIS 应急处理系统的设计 [J].中国安全生产科学技术，2007（2）：99-102.

[9] 石媛，衷菲，张海波.城市社区防灾韧性评价指标研究 [J].防灾科技学院学报，2019，21（4）：47-54.

[10] 杨威.应急管理视角下社区柔韧性评估研究 [D].大连：大连理工大学，2015.

[11] 徐磊青，言语，黄舒晴.社会复愈，数字再地——以大数据策略实现空间自组织 [J].景观设计学，2017，5（3）：60-71.

[12] 李煜，梁莹.防疫社区规划——平非结合的健康社区设计初探 [J].建筑技艺，

2020（5）：25-29.

[13] 张萍，宋吉祥.基于 GIS 的上海郊区大型社区公共设施空间布局评析 [J].上海城市规划，2017（3）：90-95.

[14] 毛磊.基于多源数据分析的社区生活圈空间特征研究——以长沙市为例 [C]// 中国城市规划学会、重庆市人民政府.活力城乡美好人居——2019 中国城市规划年会论文集（20 住房与社区规划）.北京：中国城市规划学会，2019：84-96.

[15] 王滢.韧性视角下的城市社区公共空间防灾问题研究 [J].天水师范学院学报，2019，39（2）：46-50.

[16] 李方正，李雄，李婉仪，等.大数据时代位置服务数据在风景园林中应用研究 [C]// 中国风景园林学会.中国风景园林学会 2015 年会论文集.北京：中国风景园林学会，2015：271-275.

[17] 吕志华.基于建筑信息模型 +（BIM+）技术的风景园林规划设计数字化研究 [J].风景园林，2020，27（8）：109-112.

[18] 赵宝静，奚文沁，吴秋晴，等.塑造韧性社区共同体：生活圈的规划思考与策略 [J].上海城市规划，2020（2）：14-19.

[19] 董世永，肖婧.山地住区立体式防灾空间体系研究 [J].规师，2012，28（S2）：164-167.

[20] 中华人民共和国住房和城乡建设部.城市居住区规划设计标准：GB 50180—2018[S].北京：中国建筑工业出版社，2018.

[21] 中华人民共和国住房和城乡建设部.民用建筑设计统一标准：GB 50352—2019[S].北京：中国建筑工业出版社，2019.

[22] 梁华，梁乔.山地住区建筑组合与布局设计要素体系分析 [J].建筑科学，2010，26（11）：106-110.

[23] 卢江林，颜文涛，邹锦，等.适应环境过程的西南山地住区绿色空间——构建策略与结构模式 [J].南方建筑，2017（6）：116-121.

[24] 徐煜辉，韩浩.基于低影响开发的山地生态住区规划策略研究 [J].华中建筑，2015，33（12）：126-130.

[25] 徐玥霞.山地住宅小区规划设计研究 [J].山西建筑，2017，43（35）：12-14.

[26] 赵曼丽.贵州苗族传统民居对现代住宅建设的几点启示 [J].贵州民族研究，2009，29（1）：89-92.

后记

　　本人自 2016 年在西北农林科技大学风景园林专业研究生毕业以后，在六盘水师范学院土木与规划学院风景园林系工作，现担任风景园林系主任，从事人才培养与教学研究工作，包括风景园林和城乡规划专业教学研究与科学研究，如"住区建筑设计""山地城市设计""住区景观规划"等课程。贵州省是西南山地地区喀斯特地貌典型特征的区域，山地城乡住区布局与建筑设计呈现多民族特点和历史文化，苗族、布依族、白族、侗族等少数民族住居依山而建、依山就势，犹如一幅壮丽的山水画卷。在六盘水师范学院工作的这几年主要研究贵州西南山地住区规划与建筑设计以及建筑类专业教学。本著作认真梳理和总结了六年来从事山地住区人才培养的教学研究与社会实践成果，结合贵州省新型城镇化与乡村振兴战略的推行和实施，罗列出了部分成就。本书力图从贵州地方应用型高校实际出发，凝练和总结针对未来从事乡村振兴与新型城镇化领域的风景园林和城乡规划专业本科生人才培养教学设计与教学模式；结合自身贵州省省级科技特派员乡村技术服务工作经历所感、所悟、所做、所思形成教学案例和经验，以六盘水城乡住区生活圈为评价标准分别整理了 10 余个住区生活圈评价与改造策略设计方案，整理了贵阳与遵义典型住区类型评价与设计理论与方法。

　　本书以科学探索的态度进行研究总结，内容翔实，图文并茂，希望能为贵州地方应用型本科高校建筑类专业教学与人才培养、教学研究、社会服务、生产建设提供一定的参考。但限于时间和水平，谬误之处望大家予以指正。在此感谢我的课程教学团队肖波老师、朱雄斌老师、杨学红老师、卢曌老师的指导、支持与鼓励；感谢土木工程系肖思友老师、张士林老师的撰写指导与社会服务团队；感谢风景园林系范贤坤老师、余婷老师、张明贤老师、肖婵老师、陈昕昕老师，以及城乡规划系付林江老师、李双全老师、李海荣老师、贾岩老师的支持与配合。编写过程中还得到了陶勇书记、段磊院

长的支持和鼓励，在此一并感谢。著作中资料收集和整理工作得到了 2019
级风景园林同学以及我的毕业生李健、林霞、刘媛等同学的支持与帮忙，在
此也表示深切的感谢。

杨尊尊

2022 年 7 月 1 日于六盘水师范学院